战争事典

WAR STORY /075

二战德军武器图解百科

GERMAN WEAPONS
OF WORLD WAR II

［英］斯蒂芬·哈特 —— 著

小小冰人 —— 译

民主与建设出版社

·北京·

ⓒ 民主与建设出版社，2022

图书在版编目（CIP）数据

二战德军武器图解百科 /（英）斯蒂芬·哈特著；
小小冰人译 . —— 北京：民主与建设出版社，2022.10
ISBN 978-7-5139-3971-3

Ⅰ . ①二… Ⅱ . ①斯… ②小… Ⅲ . ①第二次世界大
战 – 武器 – 德国 – 图解 Ⅳ . ① E92-64

中国版本图书馆 CIP 数据核字 (2022) 第 170138 号

著作权登记合同图字：01-2022-4490

二战德军武器图解百科
ERZHAN DEJUN WUQI TUJIE BAIKE

作　　者	［英］斯蒂芬·哈特	
译　　者	小小冰人	
责任编辑	胡　萍　宁莲佳	
封面设计	王　星	
出版发行	民主与建设出版社有限责任公司	
电　　话	（010）59417747　59419778	
社　　址	北京市海淀区西三环中路 10 号望海楼 E 座 7 层	
邮　　编	100142	
印　　刷	重庆长虹印务有限公司	
版　　次	2022 年 10 月第 1 版	
印　　次	2022 年 10 月第 1 次印刷	
开　　本	787 毫米 × 1092 毫米　1/16	
印　　张	16	
字　　数	270 千字	
书　　号	ISBN 978-7-5139-3971-3	
定　　价	129.80 元	

注：如有印、装质量问题，请与出版社联系。

目 录

CONTENTS

序言

在 1939—1941 年年间，德军赢得了惊人的军事胜利；在 1943—1945 年年间，盟军在不断逼退欧洲占领区里的德军防线的过程中见证了德军顽强防御的决心。毫无疑问，虽然德军的军事学说、战术和领导才能都是其中不可或缺的因素，但德军所使用的武器装备，也在这场长达六年的庞大军事冲突中发挥了至关重要的作用。

德国于 1939—1941 年年间在波兰、挪威、法国和苏联赢得了惊人的胜利，这在很大程度上要归功于各武器装备所发挥的"本身效用和协作效用"。二号至四号坦克、搭载掷弹兵（他们配备了毛瑟 K-98 步枪）的 Sdkfz 250 装甲车、105 毫米 leFH 18 野战榴弹炮、Ju-87 斯图卡俯冲轰炸机密切配合，在地面攻势中让德军拥有了压倒性的战斗力。而空中优势（例如德国在 1940 年 5—6 月的西方战局期间获得的空中优势）则让德国空军得以支援陆军展开地面攻势，如由斯图卡俯冲轰炸机为遭遇战提供火力支援，由 Do-17 轰炸机实施遮断打击，由 Ju-52 运输机把伞兵运往敌军防线后方并执行补给任务。

1942—1943 年年间，战争中的战略优势发生了转变，但德军在盟军逐渐攻往德国的过程中展现出了顽强的防御决心。而德军所体现出的防御韧性则主要归功于效用不凡的新式武器，例如 MG-42 机枪与 StG-44 突击步枪、火力与防护性俱佳的虎式坦克、威力强大的 88 毫米 Pak-43 反坦克炮，以及 Fw-190 G 型对地攻击机等。

苏联前线——1941年6月，德国入侵苏联期间，第18装甲师的一辆德制三号坦克在涉过布格河后，正加大油门攀上陡峭的河岸，河水从坦克的履带间流出。

　　至战争结束前，德国人研发了许多强大的尖端武器，可这些武器要么产量不足，要么没得到充分的利用，因而没能对战事产生任何重要影响。与此同时，德国海军以主力舰和潜艇对盟国航运采取的战略行动，是这场战争的一个关键方面。1944年，德国在大西洋战役中失败了。1945年年初，德国以威力强大的新式电动潜艇发起U艇攻势，但为时已晚，无法推迟德国即将面临的战略失败。这些武器之所以能被投入使用，要完全归功于德国的战时经济发展和制造活动。1942—1945年年间，德国的生产制造业遭到了盟军战略轰炸机越来越频繁且猛烈的打击。因此，防御本土也相应地成了德军至关紧要的任务——数千门高射炮（如88毫米Flak-41式）与Fw-190、Me-110、Me-410战斗截击机协同，竭力在盟军轰炸机朝

2

预定目标投下炸弹前击落对方。1944—1945 年年间，杰出的新一代喷气式战斗机（例如 Me-262 和 He-162）加入了这场战争，但因数量不足而无法逆转德国迫在眉睫的战略失败。

因此，第二次世界大战的进程和结果，在很大程度上都取决于德国在这场战争期间研发、改进和使用的武器装备。

阿登攻势——1944 年 12 月的阿登攻势期间,黑豹坦克在比利时阿登地区某处沿着被积雪覆盖的道路行进。
这些坦克可能隶属第 6 装甲集团军。

第一章

履带式和轮式车辆

1939—1941 年年间，德军赢得了惊人的军事胜利，这要归功于德国军队的军事学说、战术运用，以及效用非凡的武器装备。

所谓的"闪电战"，其实就是"快速战略装甲战"，而最能体现这种战法的装甲战车便是坦克。坦克拥有不俗的杀伤力、防护性和机动性，是德军闪电战的核心。

坦克

德国于 1939 年发动战争时有六款轻型和中型坦克，分别是一号、二号、35(t)、三号、38(t)、四号坦克。和其他国家一样，德国的坦克设计在全面战争的熔炉中得到了迅速发展。

在当时的六款轻型和中型坦克中，德国改进了三号和四号坦克，并延长了它们的服役期（不过到 1943 年年底时，三号坦克已然敌不过盟军的坦克了）。与此同时，德国人研发了更具威力的新式坦克，例如五号黑豹中型坦克、六号虎式坦克、六号 B 型虎王重型坦克。

一号轻型坦克

1932 年，德国陆军表示需要一款临时的轻型坦克（用来训练装甲兵）和一些威力更强大的战车（即后来的三号和四号坦克）。不过，因生产坦克会违反《凡尔赛和约》，故德国便将这款用来训练装甲兵的轻型坦克命名为"一号农用拖拉机"（LaS I），以此来掩饰坦克制造计划。这款轻型坦克也就是后来的一号坦克（Panzerkampfwagen I）。

1934—1935 年，蒂森·克虏伯集团公司（以下简称"克虏伯"）制造了 300 辆 LaS Ⅰ A 型坦克——这种可载 2 人、重 5.4 吨的战车拥有 6—13 毫米厚的装甲板，并由一台最大输出功率为 42 千瓦的发动机提供动力。1935—1939 年，克虏伯生产了 1203 辆 LaS Ⅰ B 型坦克——与 LaS Ⅰ A 型相比，这款战车的重量更重，发动机的输出功率更大，并加长了悬挂，以及添加了第五对负重轮。

一号坦克 B 型——这款坦克与 A 型不同，它被稍稍加长了悬挂，并添加了第五对负重轮（中等直径，采用了开放式轮辐）和一对更高的后惰轮。

型号：一号坦克 B 型

乘员：2 人
生产年份：1934—1938 年
战斗全重：8.9 吨
尺寸：长 4.8 米，宽 2.22 米，高 1.99 米
发动机：克虏伯 M305 四缸风冷汽油发动机，最大功率 44 千瓦
最大速度：40 千米 / 小时
最大行程：200 千米
武器：2 挺 7.92 毫米 MG-13 机枪
装甲：7—13 毫米

西班牙内战期间（1936—1939 年），一号坦克跟随德国秃鹰军团首次参与了实战。1939 年 9 月，德国入侵波兰，其间共有 1445 辆一号坦克与 1532 辆二号、三号、四号坦克参战。尽管德军赢得了惊人的胜利，但还是损失了 89 辆一号坦克（它们大多毁于敌军火力）。此外由于三号、四号坦克的生产断断续续，德国于 1940 年 5 月入侵西欧时，不得不投入 619 辆一号坦克"充数"——只派这款战车执行侦察任务。但尽管如此，一号坦克的损失还是非常大。此后，这款战车便再也没被作为主力坦克使用过。德国把剩下的 800 辆一号坦克用于训练装甲兵和在欧洲占领区执行驻军勤务，或将之改装为装甲后勤车辆。

二号轻型坦克

20 世纪 30 年代初，德国人研发了一号坦克的重型版，即二号坦克。同时，德国人还在进行三号和四号坦克的研发工作。二号坦克 A 型于 1937 年开始量产，这款 8.9 吨重的轻型坦克配备了双联装 20 毫米机关炮[1]，其发动机的最大输出功率为 104 千瓦。

1937—1939 年，稍事改进之后的二号坦克 B 型和 C 型完成了列装。其中，二号坦克 C 型在驾驶员的观察孔位置加装有装甲板。之后的 1938—1939 年，德军列装了 250 辆二号坦克 D 型和 E 型快速侦察坦克。

这些快速侦察坦克被安装了改进过的履带，以及新颖的扭力杆式悬挂，其最大公路速度被提高到了 56 千米 / 小时。德国于 1939 年秋季入侵波兰时，约有 1223 辆二号坦克（从 A 型到 E 型）参战。

1940 年 4—6 月，在德国入侵挪威和法国的战局中，二号坦克所遭受的严重损失表明其生存能力需要被进一步提高。因此，德国在 1941 年 3—12 月共生产了 233 辆二号坦克 F 型，它们配备了 35 毫米厚的正面装甲和 30 毫米厚的侧面装甲。由于新的装甲增加了车身的重量，二号坦克 F 型的最大速度仅为 40 千米 / 小时。不过，此番改进的用处并不明显——从 1941 年德国入侵苏联时的情况来看，二号坦克已接近其作战寿命的末期。

---

[1] 译者注：原文如此。

非洲军的二号坦克——车身侧面的白色棕榈树标志和全车沙漠迷彩涂装，表明这是一辆后期生产的、隶属被派驻北非的非洲军的二号坦克。

型号：二号坦克 F 型

乘员：3 人
生产年份：1934—1936 年
战斗全重：8.9 吨
尺寸：长 4.81 米，宽 2.22 米，高 1.99 米
发动机：迈巴赫 HL62TR 发动机，最大功率 103 千瓦
最大速度：40 千米 / 小时
最大行程：200 千米
武器：1 门 20 毫米 KwK 30 火炮
装甲：5—35 毫米

　　后来德国人继续生产了二号坦克 G 型和 J 型（这两款坦克的生产一直持续到 1942 年），其特点是添加了炮塔外部行李架。1942 年后期，德国人开始逐步将二号坦克淘汰出战场，并利用该战车的底盘改装各种装甲后勤车辆。

35(t) 轻型坦克

　　1939 年，德国接收了捷克陆军的装备，其中包括 218 辆 LT35 中型坦克，这款坦克后来被重新命名为 35(t)。这款可载 4 人、重 10.5 吨的坦克，拥有 35 毫米厚的正面装甲，并配备了一门 37.2 毫米斯柯达火炮。该坦克拥有八对装有钢板弹簧的负重轮，最大公路速度为 34 千米 / 小时。1939 年 9 月，218 辆 35(t) 坦克悉

数参加了德国入侵波兰的行动，其中 112 辆隶属第 1 轻装师。在该师攻往拉多姆的 800 千米的行程中，35(t) 坦克证明了自身的杀伤力、机动性和机械可靠性，但也暴露了它需要频繁维护保养的缺点。1939—1940 年，德国又生产了 31 辆 35(t) 坦克。1940 年 5 月，大约有 204 辆 35(t) 坦克参加了德国入侵西欧的战局。

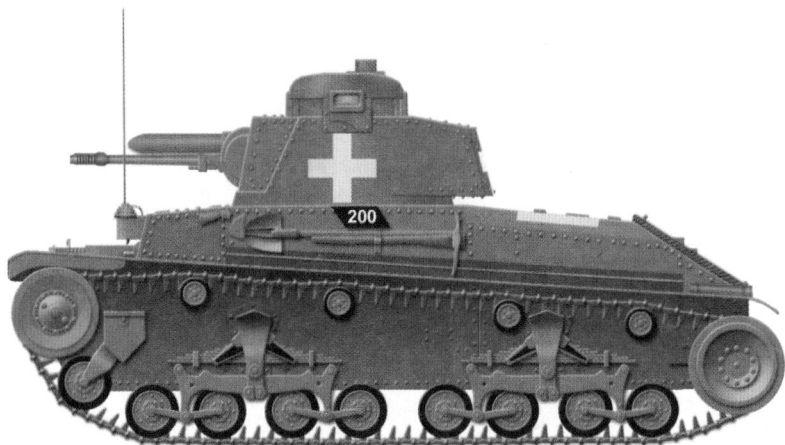

设计独特的 37.2 毫米斯柯达 A3 火炮，炮塔顶部的车长指挥塔那高耸的穹顶，车身的铆接装甲板，这些特征都有助于我们辨识这款 35(t) 坦克。

型号：35(t) 坦克

乘员：4 人
生产年份：1936—1940 年
战斗全重：10.5 吨
尺寸：长 4.9 米，宽 2.06 米，高 2.37 米
发动机：斯柯达 T11/0 四缸水冷汽油发动机，最大功率 89 千瓦
最大速度：34 千米 / 小时
最大行程：120 千米
武器：1 门 37.2 毫米 KwK 34(t) 火炮
装甲：35 毫米

在德国于 1941 年发动的侵苏战争中，约有 162 辆 35(t) 坦克参与其中，它们一路挺进了 1304 千米，在莫斯科附近的克林周围遭受了严重损失。在 1941 年的冬季到来时，德国人才发现这款坦克的另一个致命问题——气动转向装置很容易被冻结。而到了 1942 年春季，35(t) 坦克被普遍认为已然过时，因此，德国

人把仍在东线服役的少量 35(t) 坦克淘汰出了战场。在红军于 1942—1943 年年间展开的冬季反攻期间，一批 35(t) 坦克跟随德国第 22 装甲师参战，并在战斗中悉数损毁。此后，已然为数不多的 35(t) 坦克仅在后方执行反游击任务。

38(t) 中型坦克

德国在 1939 年 3 月吞并捷克斯洛伐克后，接收了少量已完工的 LT38 轻型坦克。1939 年 5—11 月，BMW 公司生产了 150 辆 38(t) 坦克 A 型——这种战车配备了 37.2 毫米斯柯达火炮或德制 37 毫米火炮，并装有 8—25 毫米厚的装甲板。1940 年，BMW 公司共生产了 B 型、C 型、D 型 325 辆 38(t) 坦克。

38(t) 坦克 C 型——这款老式 38(t) 坦克 C 型有两个显而易见的设计特点：矩形防盾偏下方处的 37 毫米炮炮管，以及炮塔顶部的硕大的车长指挥塔。

型号：38 (t) 坦克 C 型

乘员：4 人

生产年份：1939—1942 年

战斗全重：10.5 吨

尺寸：长 4.61 米，宽 2.14 米，高 2.4 米

发动机：布拉格 EPA 发动机，最大功率 92 千瓦

最大速度：42 千米 / 小时

最大行程：250 千米

武器：1 门 37 毫米 KwK 38(t) L/47.8 火炮，2 挺 7.92 毫米 ZB-53 机枪

装甲：8—30 毫米

1940 年 11 月—1941 年 10 月，BMW 公司共交付了 525 辆 38(t) 坦克 E 型和 F 型——这两个型号的坦克都在车体正面添加了额外的 25 毫米装甲板。1941—1942 年，BMW 公司共交付了 321 辆 38(t) 坦克 G 型——在搭载了最大输出功率为 112 千瓦的发动机后，该型号的坦克的作战距离增加到了 250 千米。德国人总共生产了 1414 辆 38(t) 坦克，其中包括 72 辆指挥型。

在 1939 年 9 月（即德国入侵波兰期间），被主要用于执行侦察任务的 38(t) 坦克 A 型有 80 辆。在 1940 年 5 月的西方战局中，德国一共投入了 2575 辆坦克，其中有 228 辆 38(t) 坦克。1941 年 6 月，大约 754 辆 38(t) 坦克参加了德国入侵苏联的行动，但因遭受严重损失，至 1942 年 4 月时，仍在东线作战的 38(t) 坦克就只剩 522 辆了。到 1942 年夏季，38(t) 坦克已经完全过时了。于是，德国把剩下的 38(t) 坦克调离了前线，并将它们用于执行驻军勤务或将它们改装成各种装甲车辆。到 1944 年 7 月，228 辆 38(t) 坦克仍在纳粹控制的欧洲地区执行驻军勤务。

三号中型坦克

三号坦克是德国人研发的第一款主战坦克。1936 年，戴姆勒 - 奔驰公司生产了 10 辆可搭载 5 名乘员的试验性的三号坦克 A 型。这款战车配备了 37 毫米 KwK L/45 火炮，重 15 吨，安装有 15 毫米厚的装甲板。三号坦克 A 型的悬挂上，装有五对独立弹簧式中等直径负重轮和两对托带轮。1937 年，几家工厂联合制造了 15 辆三号坦克 B 型，其悬挂上装有八对小直径负重轮（两两一组地挂在两根半椭圆形弹簧上）和三对托带轮。

在 1937—1938 年年间，戴姆勒 - 奔驰公司一共生产了 15 辆三号坦克 C 型——该型号的坦克的悬挂两侧装有八对负重轮（挂在三根半椭圆形钢板弹簧上）。在这之后，该公司又生产了 40 辆三号坦克 D 型，其装甲板的厚度达到了 30 毫米，同时整车重量也增至 19.3 吨。最后，戴姆勒 - 奔驰公司又在 1939 年生产了大约 96 辆三号坦克 E 型。

三号坦克 E 型搭载了一台输出功率为 239 千瓦的发动机，拥有六对独立转向架负重轮（挂在横向扭力杆上）。这些不同型号的三号坦克，都参加了德国于 1939 年 9 月入侵波兰、于 1940 年 4 月占领挪威的行动。

隶属第 2 装甲师的三号坦克 F 型——这辆坦克跟随第 2 装甲师参加了"巴巴罗萨"行动。第 2 装甲师隶属中央集团军群，该集团军群一路向东，但没能完成攻占莫斯科的任务。

型号：三号坦克 F 型

乘员：5 人

生产年份：1939—1941 年

战斗全重：21.8 吨

尺寸：长 5.38 米，宽 2.91 米，高 2.44 米

发动机：迈巴赫 HL120TRM 发动机，最大功率 220 千瓦

最大速度：40 千米 / 小时

最大行程：165 千米

武器：1 门 75 毫米 KwK37 L/24 火炮，1 挺 7.92 毫米 MG-13 机枪

装甲：10—50 毫米

三号坦克的火力			
型号	A 型到 F 型，以及初期的 G 型	从后期的 G 型到初期的 J 型	后期的 J 型、L 型和 M 型	N 型
武器	37 毫米 L/45 火炮	50 毫米 L/42 火炮	50 毫米 L/60 火炮	75 毫米 L/24 火炮
产量	673 辆	2815 辆	1969 辆	666 辆

　　1939—1940 年，德国一共生产了 435 辆三号坦克 F 型。事实证明，三号坦克 F 型的设计相当可靠，这一点要归功于前五个型号所接受的测试。后来于 1940 年中期在西欧的战斗经历让德国人认为，三号坦克需要加大主炮口径和增加装甲板厚度。因此，于 1940—1941 年完工的 450 辆（前 90 辆除外）三号坦克 G 型，配备了威力更强大的 50 毫米 KwK L/42 火炮。与此同时，维修车间也把三号坦克 A

型到 F 型都换上了这款火炮。1940—1941 年，德国一共制造了 310 辆三号坦克 H 型，该型号的坦克的装甲设计与前面几款坦克都有所不同——其正面装甲板上被添加了一块用螺栓固定的 30 毫米厚的装甲板。这样一来，三号坦克 H 型的整车重量被增加到了 21.6 吨。因此，它需要使用更宽的履带。

第一批 250 辆三号坦克 J 型都配备了 50 毫米 L/42 火炮，以及 50 毫米厚的正面装甲板（采用整体式设计，而非螺栓固定式）。后续生产的 2266 辆三号坦克 J 型，配备了更具威力的 50 毫米长身管 KwK 39 L/60 火炮，整车重量达 22.3 吨。三号坦克 L 型的特点是采用了有更强防御力的间隙式装甲，以及改进过的悬挂（以适应新型 50 毫米长身管火炮），这些设计导致三号坦克 J 型的车首较其他型号的车首而言更重。1942 年 6—12 月，德国一共生产了 703 辆三号坦克 L 型。

1941 年夏季，"巴巴罗萨"行动中的三号坦克——这辆三号坦克的车身上堆放着各种装备，载着装甲掷弹兵驶向前方起火燃烧的村庄。

三号坦克 M 型的侧视图——这款坦克的识别特征有 50 毫米长身管 L/60 火炮，以及炮塔侧面额外安装的弧形装甲裙板。

型号：三号坦克 M 型

乘员：5 人

生产年份：1942—1943 年

战斗全重：24 吨

尺寸：长 6.28 米，宽 2.95 米，高 2.50 米

发动机：迈巴赫 HL120TRM 发动机，最大功率 220 千瓦

最大速度：40 千米 / 小时

最大行程：155 千米

武器：1 门 50 毫米 KwK 39 L/60 火炮，2 挺 7.92 毫米机枪

装甲：10—50 毫米

 1942 年 10 月—1943 年 2 月，德国全力生产三号坦克 M 型（共交付了 292 辆）。为应对敌方步兵手中的空心装药反坦克武器，三号坦克 M 型被添加了用来保护炮塔和车轮的薄薄的装甲裙板。1942—1943 年，德国工厂共交付了 666 辆三号坦克 N 型——这是三号坦克的最后一个改进型，其设计与先前的型号大致相似，不同之处是三号坦克 N 型搭载了早期的四号坦克所使用的 75 毫米短身管火炮。虽然这款火炮的反坦克性能较差，但它非常适合用于提供近距离火力支援——这正是设计者希望三号坦克 N 型所发挥的作用。1936—1943 年，德国工厂共生产了 6123 辆三号坦克，以及 381 辆三号指挥坦克。

 有 98 辆三号坦克（从 A 型到 F 型都有）参加了 1939 年 9 月的波兰战局，在 1940 年 5 月的西方战局期间，有 349 辆三号坦克参战。1941 年夏季，配备 50 毫米

火炮的三号坦克 G 型在侵苏战争中表现出色。德国为这场战争投入了 1401 辆三号坦克，其中有 874 辆配备了 50 毫米 L/42 火炮。1941 年年底—1943 年年初，无论是在东线还是在北非，配备 50 毫米 L/60 火炮的三号坦克（从 J 型到 M 型）始终是德军装甲部队的核心力量。从 1943 年年底起，德国人逐渐撤回前线部队列装的已然过时的三号坦克。不过，仍有 80 辆三号坦克 M 型指挥坦克参加了德国在 1944 年进行的作战行动。后来，德国将被撤回的 704 辆三号坦克交给欧洲占领区的驻军使用。

四号中型坦克

四号坦克的研发工作始于 1934 年年初，德国当时决定设计一款中型近距离支援坦克，这种坦克需要配备一门低速短身管的 75 毫米火炮，可为一号、二号和三号坦克提供火力支援。

1940 年法国战局中的四号坦克 B 型——车身上的野牛标记说明，这辆四号坦克 B 型隶属第 10 装甲师。请注意这辆坦克高耸的桶形车长指挥塔，以及八对小直径负重轮。

型号：四号坦克 B 型

乘员：5 人

生产年份：1937—1938 年

战斗全重：17.7 吨

尺寸：长 5.92 米，宽 2.83 米，高 2.68 米

发动机：迈巴赫 HL120TR 发动机，最大功率 220 千瓦

最大速度：40 千米 / 小时

最大行程：200 千米

武器：1 门 75 毫米 KwK37 L/24 火炮，1 挺 7.92 毫米 MG-13 机枪

装甲：5—30 毫米

1936 年，克虏伯生产了 35 辆被命名为"四号坦克 A 型"的试验车。这款坦克的上层结构被悬在车身侧面，这种设计为 75 毫米 KwK L/24 火炮使用的高爆弹提供了充足的存储空间，也有利于后续升级火炮。四号坦克 A 型的悬挂由每侧四组负重轮构成（每组有两个橡胶包边的小直径负重轮），悬挂每侧还有四个提供支撑的托带轮。这款坦克的发动机的最大输出功率为 186 千瓦，装甲板的厚度为 20 毫米，整车全重 17.3 吨。

1937 年，德国生产了 45 辆四号坦克 B 型，其装甲板厚达 30 毫米，整车重量高达 17.7 吨（发动机的最大输出功率为 237 千瓦）。1938—1939 年，德国共生产了 140 辆四号坦克 C 型（这是四号坦克的第一个量产型）——四号坦克 C 型的装甲板稍有改进。1939—1940 年，德国共生产了 248 辆四号坦克 D 型，其特点是后部和侧面的装甲板厚达 20 毫米，整车重量高达 20 吨。

在 1940—1941 年年间，德国共生产了 233 辆四号坦克 E 型，这款战车的车首装甲板的厚度被增加到了 50 毫米，其侧面的装甲裙板用螺栓固定，其车长指挥塔的设计也与前面几个版本不同。德军在波兰和法国的战斗经历证明，四号坦克具备战术可靠性。

1941 年，德国共生产了 975 辆装甲升级版的四号坦克 F1 型（装有 50 毫米厚的单片式正面装甲板和 30 毫米厚的侧面装甲板）。更厚的装甲让四号坦克 F1 型的整车重量增加到了 22.3 吨。为解决增加重量所带来的问题，四号坦克 F1 型又被加宽了履带，一番平衡之下，最终其最大公路速度为 42 千米 / 小时。改进后的四号坦克 F1 型于 1941 年首度参战（在北非对付英军），其他型号的 548 辆四号坦克于 1941 年 6 月参加了德国入侵苏联的作战行动。1941 年，德国共生产了 975 辆四号坦克 F1 型。

1942 年，德国各家工厂共交付了 1724 辆四号坦克的 F2 型和 G 型。1942 年 3 月，配备 75 毫米长身管 KwK 40 L/43 火炮的四号坦克 F2 型问世。测试证明，四号坦克 F2 型的反坦克性能相当出色。

这种升级火炮的做法，表明德国人为应对红军更具优势的 T-34 中型坦克、KV-1 重型坦克煞费苦心。在配备了威力强大的火炮之后，四号坦克 F2 型完全能在火力上匹敌 T-34，而且优于它们在北非遭遇的英国巡洋坦克。但是，搭载长身管火炮导致其整车重量高达 23.6 吨，也导致其最大速度下降到 40 千米 / 小时。当年 8 月，四号坦克 G 型正式列装部队，这款坦克的 75 毫米主炮上安装有改进过的双挡板炮口制退器。德国于 1942 年 10 月起生产的四号坦克 G 型，安装有身管更长的 75 毫米 L/48 火炮，以及用来抵御空心装药反坦克弹的侧裙装甲板。

1943 年年初，经历了装甲升级的四号坦克 H 型——这款坦克安装了厚达 80 毫米的车首装甲板——正式列装部队。这种设计让四号坦克 H 型的整车重量增加到了 25 吨，同时也让其最大公路速度下降到 38 千米 / 小时。几家德国工厂于 1943 年交付了 3073 辆四号坦克，又于 1944—1945 年交付了 3161 辆。其中奥地利的尼伯龙根兵工厂于 1944—1945 年交付了 2392 辆四号坦克 J 型——该型号的坦克既搭载了经重新设计的车身，又为能携带更多燃料而去除了炮塔电动转向系统。因此，四号坦克 J 型在公路上的作战距离高达 322 千米。

第 5 装甲师的四号坦克 F1 型——这款采用了加厚装甲板的四号坦克 F1 型，配备了 75 毫米短身管 L/24 火炮，其炮塔上的"红魔"徽标表示它隶属第 5 装甲师。

型号：四号坦克 F1 型

乘员：5 人
生产年份：1937—1938 年 ①
战斗全重：22.3 吨
尺寸：长 5.92 米，宽 2.83 米，高 2.68 米
发动机：迈巴赫 HL120TR 发动机，最大功率 220 千瓦
最大速度：42 千米 / 小时
最大行程：200 千米
武器：1 门 75 毫米 KwK37 L/24 火炮，1 挺 7.92 毫米 MG-13 机枪
装甲：10—50 毫米

---

① 译者注：原文如此。实际上，这一型号的坦克，直到 1941 年都还在继续生产。后文也有一些类似的数据不统一的问题，但因作者所使用的相关数据资料的来源未知，故本人保留了其原文并都未做校正。

四号坦克 J 型与四号坦克 H 型不同，它没有使用实心装甲板，而是安装了更易于生产的网状裙板。在 1936—1945 年年间，德国总共生产了 7000 多辆四号坦克。

　　共有 10 个型号的四号坦克，参与了二战期间德军从事的每一场战役。从 1939 年到 1944 年中期，各型号的四号坦克的性能都与对手几乎不分伯仲，最大的例外发生在 1941 年 /1942 年冬季的东线战场，而且是在升级火炮和装甲的四号坦克 F2 和 G 型列装前。直至 1944 年，各个型号的四号坦克仍是德军在各条战线实施防御战术的中流砥柱。而在 1944 年中期之后，就连四号坦克 J 型也跟不上对手的步伐了——当时盟军最新型的反坦克炮很容易就能击穿四号坦克所使用的倾斜角度较大的装甲板，而且与其他更新式、更强大的武器相比，四号坦克所配备的主炮的杀伤力已相形见绌了，更不用说它还需要对付防御能力更强的对手。因此，无论是在进攻还是在防御方面，四号坦克都面临着毫无用武之地的尴尬。

四号坦克 H 型——为应对步兵手持式空心装药反坦克武器，这辆四号坦克 H 型装有五块用来保护履带的装甲裙板（中间一块已脱落）。

型号：四号坦克 H 型

乘员：5 人
生产年份：1943—1944 年
战斗全重：25 吨
尺寸：长 7.02 米，宽 2.88 米，高 2.68 米
发动机：迈巴赫 HL120TR 发动机，最大功率 220 千瓦
最大速度：38 千米 / 小时
最大行程：210 千米
武器：1 门 75 毫米 KwK40 L/48 火炮，2 挺 7.92 毫米 MG-34 机枪
装甲：10—80 毫米

各型四号坦克的重量对比					
型号	A 型	B 型	D 型	F1 型	F2 型	H 型
重量（吨）	17.3	17.7	20	22.3	23.6	25

五号黑豹中型坦克

1941 年夏季（即轴心国入侵苏联期间），在见识了红军威力强大的 T-34 中型坦克和 KV-1 重型坦克之后，德国人在震惊之余决定研发更强大的主战坦克。他们的研发重心综合了 T-34 的三个特点（这些特点也是现有的德制坦克所不具备的）：能让袭来的炮弹发生偏转的倾斜的全方位装甲；能提高速度和机动性的大直径负重轮和宽大的履带；能提高杀伤力的长身管大口径主炮。1942 年 1 月，曼公司（总部位于慕尼黑）和戴姆勒 - 奔驰公司开始设计各自的方案（预计重 30 吨的 VK3002 样车），两份方案都结合了上述三个特点。当年 5 月，曼公司的设计方案被选中。这款坦克安装了一台输出功率为 485 千瓦的发动机，装有倾斜装甲以及悬在扭力杆上的交错的车轮，其炮塔位于车身后部且安装有一门新式 75 毫米长身管 L/70 主炮。

由于设计和生产过于仓促，新出厂的样车重达 43 吨。而且过大的车身给这款坦克带来了许多机械问题，特别是变速箱和传动机构容易损坏——德国人一直没能彻底解决这些问题。为克服相关问题，德国人为首批量产的五号黑豹中型坦克 D 型安装了输出功率高达 522 千瓦的迈巴赫发动机，以及更加耐用的变速箱。不过，这些改进只是部分改善了给早期的五号黑豹中型坦克带来麻烦的诸多机械问题而已。可载 5 名乘员的五号黑豹中型坦克 D 型，安装有厚达 80—110 毫米的正面装甲。1942 年 11 月—1943 年 9 月，德国人生产了 600 辆五号黑豹中型坦克 D 型。尽管同样存在机械问题，可还是有 250 辆五号黑豹中型坦克 D 型参加了"堡垒"作战——德军于 1943 年 7 月 5 日发动进攻，企图包围库尔斯克突出部内的红军。但到了"堡垒"作战的第二天，仍能参战的五号黑豹中型坦克 D 型就只剩 21% 了——大批五号黑豹中型坦克 D 型因为机械故障、发动机起火或碾上地雷而损毁。

"堡垒"作战结束后，德国人得出结论：按照目前的配置，五号黑豹中型坦克 D 型不适合在前线服役。为此，他们对后来生产的五号黑豹中型坦克进行了一系列改进，包括采用全新铸造的指挥塔（可改善车长的视野，并提供更好的防护）。1943 年 9 月，德国人还生产了改进过的五号黑豹中型坦克 A 型。这款坦克与先前的五号黑豹中型坦克相比，拥有具备更大的射界的球形机枪座。五号黑豹中型坦克 A 型在设计方面的改进，还包括经强化后可解决悬挂过重这一负担的负重轮。当年秋季，五号黑豹中型坦克的变速箱和传动机构有了小幅度改进，逐渐克服了早期曾出现过的机械问题。同时，德国人还放弃了防水密封垫并转而使用额外的冷却管，解决了五号黑豹中型坦克的发动机容易起火的弊病——库尔斯克战役期间，这个缺陷导致许多黑豹中型坦克被损毁。

1944 年，停在法国某地路边的五号黑豹中型坦克。前面一辆是后期生产的五号黑豹中型坦克 D 型，其炮塔顶部装有圆形（而不是桶形）指挥塔，后面一辆是五号黑豹中型坦克 A 型或 G 型，装有新式指挥塔和球形机枪座。

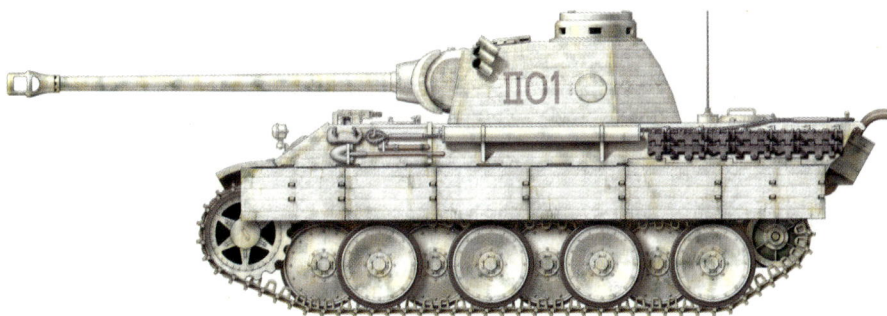

涂有冬季伪装色的五号黑豹中型坦克 D 型——这是一辆早期生产的五号黑豹中型坦克 D 型，其具体型号可通过炮塔顶部的桶形指挥塔和没安装球形机枪座这两个特征来识别。这辆坦克的车身编号为 II 01，这表示它是第 2 营营长的战车。

型号：五号黑豹中型坦克 D 型

乘员：5 人

生产年份：1943—1944 年

战斗全重：47.4 吨

尺寸：长 8.86 米，宽 3.42 米，高 2.95 米

发动机：迈巴赫 HL230P30 发动机，最大功率 522 千瓦

最大速度：46 千米 / 小时

最大行程：200 千米

武器：1 门 75 毫米 KwK42 L/70 火炮，2 挺 7.92 毫米 MG-34 机枪

装甲：16—110 毫米

"警卫旗队"装甲师的五号黑豹中型坦克 A 型——这辆坦克采用了不同寻常的三色调夏季迷彩涂装，车上的三根天线表明这是辆指挥坦克。

型号：五号黑豹中型坦克 A 型

乘员：5 人
生产年份：1943—1944 年
战斗全重：49.4 吨
尺寸：长 8.86 米，宽 3.42 米，高 2.98 米
发动机：迈巴赫 HL230P30 发动机，最大功率 522 千瓦
最大速度：46 千米 / 小时
最大行程：200 千米
武器：1 门 75 毫米 KwK42 L/70 火炮，2 挺 7.92 毫米 MG-34 机枪
装甲：16—110 毫米

从 1943 年 10 月起，德国人在所有新生产的五号黑豹中型坦克上都使用了"齐梅里特"防磁涂层。这种防磁涂层可喷涂在车身和炮塔上，能够阻止敌人把空心装药磁性反坦克地雷吸附在坦克上。这种防磁涂层让坦克呈现出独特的、不平坦的质感，看上去就像是水泥。德国人于 1944 年 9 月放弃了这种做法，他们认为此举过于奢侈，而且毫无必要，因为德国当时的敌人已很少使用磁性反坦克地雷了。1943—1944 年，德国的坦克工厂总共生产了 1768 辆五号黑豹中型坦克 A 型。

G 型是五号黑豹中型坦克的最后一个变款，于 1944 年 2 月列装，其重新设计的车身具有更好的倾斜度（可让坦克拥有更强的生存能力）。几家德国工厂于 1944 年制造了 3740 辆五号黑豹中型坦克 G 型，又于 1945 年年初交付了 270 辆（其中 5% 是指挥型）。战争的最后一年，在德国陆军实施的殊死抵抗中，五号黑豹

中型坦克 G 型堪称中流砥柱。一个例子应该足以说明黑豹中型坦克 G 型的火炮的威力——1944 年，德军以"激烈的防御作战"抗击实施"D 日登陆"计划的盟军，7 月 8 日—29 日，党卫队第 2"帝国"装甲师第 4 连的车长恩斯特·巴克曼以他的五号黑豹中型坦克 G 型独自击毁了盟军 18 辆谢尔曼坦克。以二战时期的标准来看，五号黑豹中型坦克在 1944 年时已成为高效的主战坦克——它巧妙地结合了火力、防护性和机动性，直到战争结束时仍在总体上优于对手。

五号黑豹中型坦克各型号对比				
	重量	产量	车长指挥塔	最大公路速度
D 型	43 吨	842 辆	桶形	55 千米 / 小时
A 型	44 吨	2200 辆	铸造	46 千米 / 小时
G 型	44.8 吨	4010 辆	铸造	46 千米 / 小时

六号虎式重型坦克 E 型

六号虎式重型坦克的研发工作，源于德军于 1941 年夏季对付红军威力强大的新式 T-34 中型坦克与 KV1 重型坦克的战斗经历。这些经历促使德国人着手设计一款新式中型坦克（黑豹）和一款重型坦克，这款重型坦克也就是后来的六号虎式重型坦克 E 型。1942 年中期，互为竞争对手的亨舍尔和波尔舍分别设计的 VK4501(H) 和 VK4501(P) 样车诞生了。这两种试验性坦克是采用现有 VK3601 底盘的改进型，均搭载了源自著名的 88 毫米高射炮的坦克炮。1942 年 8 月，VK4501(H) 作为六号虎式重型坦克 E 型，在亨舍尔的卡塞尔厂进行量产。经过长达 23 个月的生产期，到 1944 年 6 月时亨舍尔公司共生产了 1354 辆该型号的坦克。

从外表上来看，可载 5 名乘员的六号虎式重型坦克 E 型是一款粗矮、棱角分明的重型坦克，与尺寸较小的四号坦克并没有什么不同，但前者配备了威力强大的 56 倍径 88 毫米长身管火炮，整车重量高达 50 余吨。这款坦克强大的杀伤力和出色的生存能力，是造成其整车重量倍增的主要原因，例如，它的正面垂直装甲板厚达 100 毫米，而侧面和后部装甲的厚度也达到了 80 毫米。

首批出厂的 250 辆六号虎式重型坦克 E 型搭载的都是输出功率为 479 千瓦的发动机，而后期出厂的六号虎式重型坦克 E 型则换装了输出功率为 522 千瓦的 HL 230 发动机（这些坦克的最大公路速度可达 38 千米 / 小时，越野速度可达 20 千米 / 小时）。

由于六号虎式重型坦克 E 型的车身过于庞大，亨舍尔不得不采用了设计巧妙的双履带系统：作战时，六号虎式重型坦克 E 型使用 725 毫米宽的战斗履带，以保持合理的地面压力比；以铁路平车运送时，则拆除六号虎式重型坦克 E 型的负重轮的外层，用较窄的运输履带（520 毫米宽）来替代战斗履带。总的来说，尽管六号虎式重型坦克 E 型是一款威力强大、生存能力较强的重型坦克，但庞大的车身、过重的重量、差强人意的越野战术机动性、机械方面的不可靠性和巨大的油耗限制了它的战斗力。

最先列装部队的四辆六号虎式重型坦克 E 型，于 1942 年 8 月 29 日在列宁格勒附近的姆加首次投入实战，那里的恶劣地形限制了这些重型坦克发挥威力。但后来六号虎式重型坦克 E 型还是展现出了强大的威力：1942 年 12 月 29 日，第 502 重装甲营的五辆虎式重型坦克 E 型，在列宁格勒附近一举击毁了红军 12 辆 T-34 中型坦克和 T-60 轻型坦克。当月，虎式重型坦克 E 型在突尼斯首度迎战西方盟军。

位于诺曼底的虎式重型坦克 E 型——党卫队第 102 重装甲营的这辆用树枝来进行伪装的坦克，正沿法国某地的道路前进，赶赴前线。

六号虎式重型坦克 E 型——在这张侧视图中，交错排列的八个大直径负重轮非常显眼。这些负重轮与主动轮、惰轮，构成了六号虎式重型坦克 E 型的行走机构。

型号：六号虎式重型坦克 E 型

乘员：5 人
生产年份：1942—1944 年
战斗全重：50.8 吨
尺寸：长 8.45 米，宽 3.56 米，高 3 米
发动机：迈巴赫 HL230 V12 汽油发动机，最大功率 522 千瓦
最大速度：38 千米 / 小时
最大行程：140 千米
武器：1 门 88 毫米 KwK36 L/56 火炮，2 挺 7.92 毫米机枪
装甲：25—120 毫米

六号虎式重型坦克 E 型在"维莱尔博卡日"——1944 年诺曼底战役期间，盟军对付火力和防护性俱佳的六号虎式重型坦克 E 型的战斗经历表明：在更加静态的防御作战中（这种情况下，机械可靠性不太重要），坦克是一种强大的兵器。例如，1944 年 6 月 13 日，包括党卫队装甲王牌米夏埃尔·维特曼在内的坦克手驾驶的区区几辆六号虎式重型坦克 E 型，击退并重创了一整个英军装甲旅，击毁了 47 辆战车，还给对方造成了 257 人的伤亡。1944 年 8 月 8 日，党卫队第 102 重装甲营第 1 连的 10 辆六号虎式重型坦克 E 型，在维尔击毁盟军 24 辆坦克。

　　1943—1944 年年间，六号虎式重型坦克 E 型在东线也取得了出色的战绩。但到了 1944 年后期，它已不敌红军的火力和防护性更胜一筹的约瑟夫·斯大林（JS）重型坦克，六号虎式重型坦克 E 型大多安装的是垂直装甲板，而红军新装备的 JS 系列重型坦克却采用了倾斜角度更大的装甲。有鉴于此，六号虎式重型坦克 E 型于 1944 年 6 月停产，德国人开始制造"虎王"坦克。由于损失惨重，1944 年年底时，战场上已很少见到六号虎式重型坦克 E 型了。1944 年 6 月，德国投入的六号虎式重型坦克 E 型的数量到达顶峰，多达 631 辆，到当年 12 月，这一数字减少到了 243 辆。

"虎式"与"虎王"坦克对比				
	列装期	重量	产量	主炮
"虎式"	1942—1945 年	56 吨	1354 辆	88 毫米 KwK 36 L/56
"虎王"	1944—1945 年	69.4 吨	489 辆	88 毫米 KwK 43 L/71

六号 B 型虎王重型坦克

六号虎 II B 型（以下简称"虎王"）重型坦克是六号虎式重型坦克 E 型的合理改进款，其采用了倾斜度出色的装甲。但出现在战场上的虎王重型坦克的数量始终不多：到战争最后 14 个月，德国只列装了 489 辆。从 1944 年 1 月起，亨舍尔的卡塞尔厂签订了生产 1500 辆虎王重型坦克的合同。可由于盟军五次深具毁灭性的空袭，虎王重型坦克的生产一直落后于计划——按照计划进度，卡塞尔厂本该在 1945 年 3 月 31 日前交付 659 辆。卡塞尔厂最终交付的 489 辆虎王重型坦克中包括 23 辆指挥型，后者装有功率强大的 20 瓦或 30 瓦电台。虎王重型坦克结合了致命的火力和出色的防护性（盟军的火力几乎对它无能为力），是整个二战期间最强大的几款坦克之一。

虎王重型坦克的研发工作始于 1943 年，其目的是升级已落伍的虎 I 坦克的装甲和火炮。虎王重型坦克配备了一门威力极大的 88 毫米长身管 KwK 43/3 L/71 火炮，整车重达 69.4 吨，以一台输出功率为 522 千瓦的发动机驱动。虎王重型坦克的生存能力极佳，其炮塔正面装有倾斜效果出色的、最大厚度为 185 毫米的装甲板。首批生产的 50 辆虎王重型坦克，安装了波尔舍独特的圆形正面炮塔，而不是标准的亨舍尔方形正面炮塔。虽然虎王重型坦克威力强大，但这款高油耗、笨重且设计复杂的坦克（特别是它的驱动系统）一直存在机械问题。

德军装备的虎王重型坦克的数量一直不多。1945 年 2 月，虎王重型坦克的列装数量到达顶峰时也只有 219 辆，仅装备了九个国防军重装甲营、三个党卫队重装甲营和两个独立装甲连。在 1944 年夏季的诺曼底战役期间，大约有 53 辆虎王重型坦克参战（它们大多在激战中损毁了）。另外 52 辆（德军当时列装的虎王重型坦克总数的三分之一）虎王重型坦克在 1944 年 12 月的阿登反攻中发挥了重要作用。党卫队第 501 重装甲营的虎王重型坦克被编入派佩尔战斗群，该战斗群企图发展德军取得的战果，抢在盟军做出应对前一路攻往安特卫普。由于派佩尔战斗群的行进路线极为复杂，笨重的虎王重型坦克只能跟在队列后方前进，直到 12 月 20 日，派佩尔战斗群在斯图蒙陷入停滞，

10 辆虎王重型坦克才追上战斗群主力。盟军随后发起反击，把派佩尔战斗群包围在拉格莱兹。由于弹药和油料耗尽，派佩尔战斗群丢弃了包括六辆虎王重型坦克在内的 35 辆坦克，徒步杀出重围。阿登反攻期间，德军损失了 20 辆虎王重型坦克，约占参战的虎王重型坦克总数的 40%（其中只有五辆毁于敌军之手，其他的都是因为油料耗尽或机械故障而被遗弃）。

虎王重型坦克——从侧视图可知，其炮塔的长度和高度非常显眼。这种情况无法避免，因为炮塔必须要容纳威力强大的 88 毫米 KwK 43 L/71 主炮硕大的后膛和后座。

型号：六号 B 型虎王重型坦克

乘员：5 人
生产年份：1943—1944 年
战斗全重：69.4 吨
尺寸：长 10.26 米，宽 3.75 米，高 3.09 米
发动机：迈巴赫 HL230p30 V12 汽油发动机，最大功率 522 千瓦
最大速度：37 千米 / 小时
最大行程：140 千米
武器：1 门 88 毫米 KwK43 L/71 火炮，2 挺 7.92 毫米机枪
装甲：25—185 毫米

虎王重型坦克装甲营——集结在德国某试验场上的一个虎王重型坦克装甲营。最前方这辆虎王重型坦克的炮塔，清晰地展现出了"齐梅里特"防磁涂层造成的波纹表面。

1945 年 4 月，虎王重型坦克参加了它们在西线的最后一次战斗。当时，为阻止盟军一路攻往德国，德军展开殊死防御，第 510、第 511 重装甲营共损失了 13 辆虎王重型坦克（这也是德国生产的最后一批该型号的坦克）。

1944 年 10 月，随着第 501 重装甲营的战车开抵东线，虎王重型坦克也开始在东线参加鏖战。1945 年 1 月中旬，面对红军的维斯瓦河—奥得河攻势，党卫队第 503 重装甲营在获得了 39 辆新交付的虎王重型坦克后赶赴波兰中部，协助加强将破未破的防线。到 1945 年 3 月 20 日，德国边境激烈的防御作战导致该营只剩两辆可用的虎王重型坦克了。到战争结束时，整个东线都只剩九辆可用的虎王重型坦克了。

自行反坦克炮、突击炮、坦克歼击车

德国的自行反坦克炮、突击炮和坦克歼击车，为战争期间德国军队实施的进攻和防御行动提供了重要帮助。德军列装这些车辆的主要目的是消灭敌人的装甲战车——特别是对方的坦克。德国制造的自行反坦克炮和坦克歼击车，是把固定式上部结构安装在装甲车或坦克的底盘上，再配以一门威力强大的反坦克炮。德制自行反坦克炮通常是临时改装的战车，其使用的底盘大多来自已过时的坦克。而德制的坦克歼击车一般是经过专门设计的德制主战坦克的变款。德制突击炮与坦克歼击车类似，二战爆发之初，前者的主要任务是提供支援火力。不过，随着战事的发展，德国人越来越强调突击炮的反坦克能力，并将其视为坦克的廉价替代品。

我们将在下文介绍这些战车中最重要的九款。

配备 76.2 毫米 Pak 36(r) 的二号自行反坦克炮，或配备 75 毫米 Pak 40 的黄鼠狼二号自行反坦克炮

1941 年 /1942 年冬季，德国人发现他们急需机动反坦克武器，以对付红军强大的 T-34 和 KV-1 坦克。1942 年，阿尔克特公司生产了 235 辆临时改装的黄鼠狼二号自行反坦克炮（Sdkfz 132）。这款战车是由二号坦克 D 型到 F 型的底盘，与威力强大的苏制 76.2 毫米 M36 野战炮（德国人先前缴获了大批这款火炮）组成的。

阿尔克特公司在二号坦克的底盘上，安装了高大的盒状上层结构，以及厚 14.5 毫米的倾斜装甲。火炮被装在上层结构的顶部，置于 10 毫米厚的三面防盾内。这款战车只能为车组成员提供有限的防护。因为它搭载的大口径火炮，使其整车重量高达 10.7 吨——这已接近其底盘的最大负载。1942—1943 年，德国人又制造了 531 辆黄鼠狼二号自行反坦克炮（Sdkfz 131）。他们这次使用的是二号坦克 A 型到 C 型的底盘。德国人将火炮直接安装在底盘上，没采用任何装甲上部结构。不过，他们在火炮周围加装了由薄薄的装甲板构成的三面防盾。

1942—1944 年，德国人在用尽了缴获的苏制 M36 野战炮之后，就把德制 75 毫米 Pak 40/2 L/46 反坦克炮安装在了二号坦克底盘上。他们以这种方式又生产了 1217 辆黄鼠狼二号自行反坦克炮（Sdkfz 131）。这个新款的黄鼠狼二号自行反坦克炮，拥有完整的 75 毫米反坦克炮，其原装防盾、后坐系统、高低机和方向机都被安装在车身高处的平台上，而火炮也被置于硕大的、几乎呈矩形的 10 毫米厚的装甲防盾内。1942—1944 年，这些黄鼠狼二号自行反坦克炮主要列装于东线各步兵师反坦克营，其强大的反坦克能力备受德军的重视。

黄鼠狼二号自行反坦克炮（Sdkfz 132）——这张图片很清晰地显示了黄鼠狼二号自行反坦克炮（Sdkfz 132）所采用的权宜之策：战车的车身非常高，火炮小小的三面防盾只能为车组成员提供很少的防护。

型号：黄鼠狼二号自行反坦克炮

乘员：4 人
生产年份：1942—1943 年
战斗全重：11.76 吨
尺寸：长 5.85 米，宽 2.16 米，高 2.5 米
发动机：布拉格 EPA 或 EPA/2 发动机，最大功率 103 千瓦
最大速度：42 千米 / 小时
最大行程：185 千米
武器：1 门 75 毫米 Pak 40 反坦克炮
装甲：14.5—35 毫米

黄鼠狼二号自行反坦克炮（Sdkfz 131）——这款配备 75 毫米反坦克炮的黄鼠狼二号自行反坦克炮（Sdkfz 131），搭载了 1 挺 MG-34 近防机枪（安装在顶部敞开的上部结构一侧的上方，这种战地改装很常见）。

搭载 76.2 毫米 Pak 36(r) 的 38(t) 自行反坦克炮

　　1942 年，德国人新设计了一款自行反坦克炮，也就是黄鼠狼三号自行反坦克炮。这款战车是将缴获的苏制 76.2 毫米 M36 野战炮（经改造后可发射德制 75 毫米反坦克炮弹）安装在 38(t) G 型坦克的底盘上组成的。相关厂家为该战车定制了上部结构——以 10 毫米厚的装甲板构成了一个小小的三面防盾，以特制的转盘将整门火炮和炮架安装在坦克底盘顶部。黄鼠狼三号自行反坦克炮的车身正面安装有一挺 7.92 毫米 MG 37(t) 机枪，这让它拥有了近距离防卫能力。不过沉重的 76.2 毫米火炮导致该战车的总重量达到了 10.7 吨（几乎是底盘的最大负载），这使其只能为车组成员提供有限的防护。1942 年，德国人生产了大约 344 辆配备 76.2 毫米火炮的黄鼠狼三号自行反坦克炮。

搭载 75 毫米 PaK 40 的黄鼠狼三号 38(t) M 型自行反坦克炮——图中这辆战车采用了沙漠迷彩涂装，其战斗舱位于后部，车身前部装有炮管支架（在车辆实施长距离非战术机动期间，可用于支撑火炮）。

型号：黄鼠狼三号 38(t) M 型自行反坦克炮

乘员：4 人
生产年份：1943—1944 年
战斗全重：11.6 吨
尺寸：长 4.95 米，宽 2.15 米，高 2.48 米
发动机：布拉格 C 发动机，最大功率 118 千瓦
最大速度：42 千米 / 小时
最大行程：190 千米
武器：1 门 75 毫米 PaK 40/3 L/46 反坦克炮
装甲：14.5—35 毫米

1942—1943 年，德国人又生产了 418 辆黄鼠狼三号自行反坦克炮——他们把威力强大的 75 毫米 Pak 40/3 L/46 反坦克炮装在 38(t) 坦克 H 型的底盘上。这款战车搭载了经重新设计的上部结构，更长更大的防盾可为车组人员提供更好的防护。但在这种设计中，发动机是后置的，因此战斗舱不得不前移（这又让战车前部变得过重）。后期配备 75 毫米火炮的黄鼠狼三号 38(t) M 型自行反坦克炮采用了全新设计的底盘，其发动机位于车身中部，而战斗舱则被后置。1943—1944 年，德国各工厂共生产了 975 辆黄鼠狼三号 38(t) M 型自行反坦克炮。

三号突击炮 D 型——车身上的编号（112）说明这辆三号突击炮 D 型是第 1 连第 1 排的第二辆战车。注意被摆放在车顶上的备用车轮。

型号：三号突击炮 D 型

乘员：4 人
生产年份：1940—1945 年
战斗全重：19.6 吨
尺寸：长 5.38 米，宽 2.92 米，高 1.95 米
发动机：迈巴赫 HL120TR 发动机，最大功率 224 千瓦
最大速度：40 千米 / 小时
最大行程：160 千米
武器：1 门 75 毫米 StuK 37 L/24 火炮
装甲：16—80 毫米

三号突击炮

20 世纪 30 年代中期，德国炮兵要求得到一款车身低矮、没有炮塔的近距离步兵支援战车（或称之为突击炮），并要求它既能发射高爆弹，又能发射穿甲弹。

德国人在生产了 184 辆突击炮后，于 1940 年推出了可载 4 人的三号突击炮 A 型。
这款战车是由四号坦克的 75 毫米短身管 KwK L/24 火炮，以及直接安装在三号坦
克底盘上的转向角度有限的固定式装甲上部结构所组成的。三号突击炮备有 55 发
高爆弹、21 发穿甲弹和 8 发烟幕弹。由于减少了炮塔的重量，三号突击炮的防护
性要优于三号坦克——其正面装甲厚 50 毫米，侧面装甲厚 43 毫米。1941 年，德
国人生产了 548 辆稍事改进的三号突击炮 C 型、D 型和 E 型，这三种型号的战车
都搭载了新式六速同步变速箱。

三号突击炮的主炮与炮口初速			
型号	A 型到 E 型	F 型	G 型
主炮	75 毫米 KwK L/24	75 毫米 StuK 40 L/43	75 毫米 StuK 40 L/48
炮口初速	420 米 / 秒	740 米 / 秒	770 米 / 秒

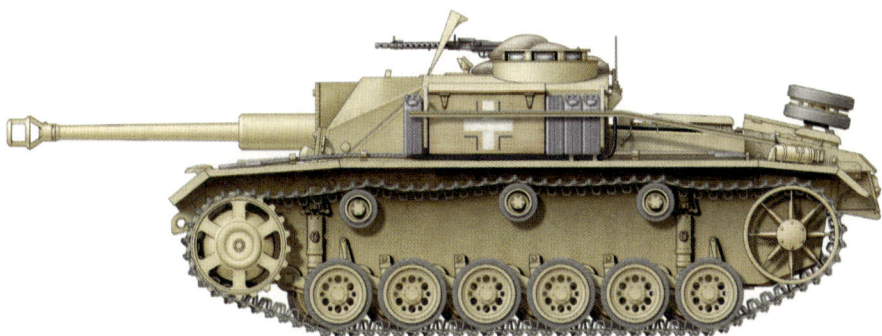

*40 式突击炮 G 型——40 式突击炮 G 型是三号突击炮的最后一个变款，其装有硕大的矩形防盾。后期生产的 40
式突击炮 G 型采用了"猪头"护盾。*

型号：40 式突击炮 G 型

乘员：4 人
生产年份：1940—1945 年
战斗全重：24 吨
尺寸：长 6.77 米，宽 2.95 米，高 2.16 米
发动机：迈巴赫 HL120TR 发动机，最大功率 224 千瓦
最大速度：40 千米 / 小时
最大行程：155 千米
武器：1 门 75 毫米 StuK 40 L/48 火炮
装甲：16—80 毫米

1941 年后期，德国人在遭遇了苏联红军强大的 T-34 和 KV-1 坦克后，认为急需加强他们的机动反坦克武器。因此，经过了大幅度改进的三号突击炮 F 型于1942 年 5 月正式投产（一共生产了 120 辆）。三号突击炮 F 型配备了身管更长的43 倍径 75 毫米 StuK 40 L/43 火炮，穿甲能力得到了大幅度提高。不过，三号突击炮 F 型的整车重量也因此而增加到了 21.6 吨。

随后出现的三号突击炮 G 型，安装有更具威力的 75 毫米 StuK 40 L/48 火炮和更厚的装甲，整车重量高达 24 吨。德国人批量生产的三号突击炮 G 型的标准款——1943 年出厂了 3041 辆，1944 年出厂了 4851 辆，1945 年初期出厂了 123 辆。

作为当时德国陆军的主力战车，三号突击炮在各个战区服役并执行各种任务。它的出现，弥补了某些装甲师坦克数量不足的缺点——它被分配给了许多独立突击炮部队，也被配发给了某些步兵师的反坦克营。

四号坦克歼击车

1943 年后期，德国人开发了四号坦克的坦克歼击车版本，也就是后来的四号坦克歼击车。这是德国陆军专门设计的首款坦克歼击车。1944 年 1 月，四号坦克歼击车投产。同年 8 月，所有四号坦克停产，剩余的材料全部被用于生产四号坦克歼击车。

1944 年 1—11 月，沃马格军工厂生产了大约 769 辆四号坦克歼击车。德国人本打算为四号坦克歼击车配备五号黑豹中型坦克威力强大的 75 毫米 L/70 火炮，可由于技术问题，这个想法在当时没能实现。不过德国陆军没有推延整个项目，而是与沃马格军工厂签订合同，要求对方利用 75 毫米 KwK 40 L/48 火炮现有的存货来制造四号坦克歼击车。值得一提的是，三号突击炮和四号坦克都曾搭载过这款久经考验的火炮。不同寻常的是，这门火炮最终没有被安装在上部结构的前倾斜装甲板中央——其安装位置向右偏移了 20 厘米。

早期的四号坦克歼击车装有炮口制退器。不过，由于四号坦克歼击车的车身低矮（水平状态下，炮管仅高出地面 1.4 米），在开火射击时，其炮口制退器所产生的冲击波会扬起大量尘埃——这不仅会严重阻碍车组人员的视线，还可能会把战车的位置暴露给敌人。因此，德国人后来取消了四号坦克歼击车上的炮口制退器。

在诺曼底的四号坦克歼击车——1944 年诺曼底战役期间，德国人竭力伪装他们的战车，以免被盟军的战术空中力量发现。图中以树枝伪装的战车显然是一辆装有短身管火炮的四号坦克歼击车。

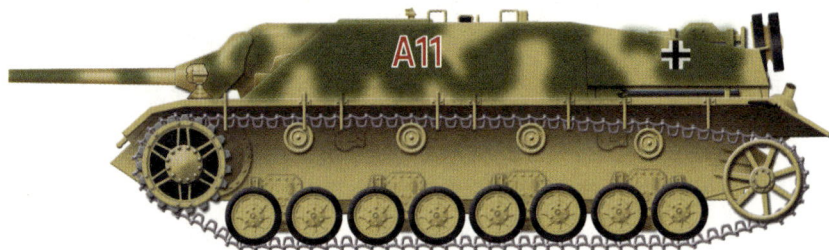

四号坦克歼击车——早期的过渡型四号坦克歼击车，其身管较短的 75 毫米 KwK 40 L/48 火炮和装甲上部结构后车顶平缓下斜的坡度是最明显的识别特征。

型号：四号坦克歼击车

乘员：4 人

生产年份：1943—1945 年

战斗全重：27.6 吨

尺寸：长 6.85 米，宽 6.7 米，高 1.85 米

发动机：迈巴赫 HL120TRM 发动机，最大功率 224 千瓦

最大速度：38 千米 / 小时

最大行程：210 千米

武器：1 门 75 毫米 Pak 39 L/48 反坦克炮，1 挺 7.92 毫米机枪

装甲：10—80 毫米

四号坦克歼击车所拥有的出色防护性，很大程度要归功于它低矮的车身和因拥有良好倾斜度而能让袭来的炮弹发生偏转的装甲板。这款战车前部的上下装甲板厚达 60 毫米，倾斜度分别为 45 度和 57 度。车身上部结构的四周装有 30 毫米厚的装甲板。以 1944 年时的标准来看，四号坦克歼击车的整车重量适中（只有 24.1 吨），所以德国人为其安装了输出功率为 224 千瓦的迈巴赫发动机。1944 年，德军装甲师的装甲歼击营开始逐渐列装四号坦克歼击车，以替代黄鼠狼二号和三号自行反坦克炮。不过，由于产量较低，四号坦克歼击车在战场上始终不太常见。

四号 /70 坦克歼击车

1944 年 8 月，德国人终于解决了相关技术问题，成功地把改进后的 75 毫米 StuK 42 L/70 火炮安装在了四号坦克歼击车低矮的上部结构中。基于此项技术，他们又着手开发、生产新车型，也就是后来的四号 /70 坦克歼击〔也可称之为"四号 /70(v) 坦克歼击车"〕。

1944 年 8 月—1945 年 3 月，沃马格军工厂共生产了 930 辆四号 /70 坦克歼击车。这款搭载了更重、更长的 L/70 火炮的坦克歼击车，整车重量高达 25.8 吨。因 L/70 火炮超出战车正面 2.58 米，故沃马格军工厂对四号坦克歼击车的设计做了相应修改，以抵消火炮的长度给车首增加的重量：连接车身上下部的前面板，以及上部结构的正面和侧面装甲板被重新设计；L/70 火炮被安装在四号坦克歼击车低矮的上部结构中，而火炮的缓冲和复进机构则被重新置于身管上方。与早期的型号一样，火炮的安装位置有所偏移，位于中线右侧 20 厘米处。四号 /70 坦克歼击车沿用了被安装在车体后部的、输出功率为 224 千瓦的迈巴赫发动机。

四号坦克歼击车和四号 /70 坦克歼击车的量产对比			
型号	四号坦克歼击车	四号 /70 坦克歼击车	四号 /70(v) 坦克歼击车
生产周期	1944 年 1—11 月	1944 年 8 月—1945 年 3 月	1944 年 8 月—1945 年 3 月
产量	769	930	278
月平均产量	70	116	35

德国人于 1944 年夏季开始生产四号 /70 坦克歼击车，他们急需把尽可能多的装甲战车交付前线，但四号 /70 坦克歼击车的生产在遭遇瓶颈后极不顺利。于是德国人又重新设计了一款能更快投产的坦克歼击车——把四号 /70 坦克歼击车改

进过的上部结构直接装在四号坦克 J 型未加改进的底盘上，并为其配备一门 75 毫米 StuK 42 L/70 火炮。这款战车在投入量产后，很快就被大量交付给了前线部队。后来，这款坦克歼击车被命名为"四号 /70 坦克歼击车过渡型（Zwischenlösung）"或"四号 /70(A) 坦克歼击车"——其中，"A"指的是阿尔克特公司，该公司设计了改进后的上部结构。

1944 年 8 月—1945 年 3 月，尼伯龙根兵工厂生产了 278 辆四号 /70(A) 坦克歼击车。这种过渡型的四号 /70(A) 看上去与四号 /70 坦克歼击车不太一样，前者有一个被切掉了尾部的上部结构和一块垂直的后装甲板。此外，四号 /70(A) 坦克歼击车还加强了装甲防护，其装甲板厚达 120 毫米。因此，四号 /70(A) 坦克歼击车的整车重量高达 28 吨。四号 /70(A) 坦克歼击车拥有较强的杀伤力、生存能力和机动性，是一款强大的装甲战车。不过，该坦克歼击车因产量太少而根本无法给在 1944—1945 年年间一路攻入德国腹地的盟军造成太大阻碍。

阿登攻势中的四号坦克歼击车——1944 年 12 月的阿登攻势期间，德军掷弹兵趴在一辆驶下山坡的四号坦克歼击车上。这张照片表明，搭载长身管火炮的四号 /70 坦克歼击车在下坡时，炮管很容易触地。

党卫队第 21 装甲师 ① 的四号坦克歼击车——除了行走机构的些许改进，四号 /70 坦克歼击车与四号坦克歼击车显而易见的区别是，前者搭载的 75 毫米 L/70 火炮明显更长。

型号：四号 /70 坦克歼击车

乘员：4 人
生产年份：1944—1945 年
战斗全重：25.8 吨
尺寸：长 8.50 米，宽 3.17 米，高 2.85 米
发动机：迈巴赫 HL120TRM 发动机，最大功率 224 千瓦
最大速度：35 千米 / 小时
最大行程：210 千米
武器：1 门 75 毫米 Pak 42 L/70 反坦克炮，1 挺 7.92 毫米机枪
装甲：10—80 毫米

五号猎豹坦克歼击车

　　1943—1944 年，德国人研发了五号猎豹坦克歼击车，这是五号黑豹中型坦克的歼击车款。米亚格公司（后来获得了 MNH 公司协助）于 1945 年 2—4 月生产了 382 辆五号猎豹坦克歼击车，远远少于 1100 辆的计划目标。这款战车使用了五号黑豹中型坦克 G 型的标准底盘，拥有倾斜度良好的装甲上部结构，其主炮是威力强大的 88 毫米 Pak 43/3 反坦克炮。五号猎豹坦克歼击车拥有厚达 80 毫米的正面装甲，以及 40—50 毫米厚的侧面和后部装甲。以 1944 年时的标准来看，这种厚度的装甲可提供的防护力很有限。不过，五号猎豹坦克歼击车低矮的车身、大多数装甲板明显的倾斜度弥补其装甲厚度不足的缺陷。

---

　　① 译者注：原文如此。

尽管五号猎豹坦克歼击车的整车重量高达 45.5 吨，但其机动性能却相当出色，这要归功于最大输出功率为 522 千瓦的迈巴赫发动机、交错式车轮悬挂装置、宽大的履带——它们让该坦克歼击车的最大公路速度达到了 45 千米 / 小时，最大越野速度达到了 24 千米 / 小时。由于五号猎豹坦克歼击车的生产时间较短且完成的数量较少，因此相关设计者在制造期间没对战车的设计做什么重大修改，而其原先的设计已充分兼顾了强大的火力、出色的生存能力和杰出的机动性。以上种种，让五号猎豹坦克歼击车成为整个二战期间德国最具效用的几种装甲战车之一。

参与"北风"行动的五号猎豹坦克歼击车——1945 年 1 月，德军在阿尔萨斯—洛林地区发动了反攻（也就是"北风"行动）。在此期间，德国陆军第 654 装甲歼击营的八辆猎豹坦克歼击车发挥了重要作用。为遂行这场进攻，六个德国师由北向南攻往斯特拉斯堡，企图与德军从科尔马口袋（德国人控制的这个突出部，越过了莱茵河，延伸到了法国领土）出击的南路"铁钳"会合。在"北风"行动中，第 654 装甲歼击营折损了四辆五号猎豹坦克歼击车。

五号猎豹坦克歼击车——这张左视图充分展现出了其流畅、低矮的车身，以及其倾斜度出色的外形和炮身管突出车体的程度。

型号：五号猎豹坦克歼击车

成员：5 人
生产年份：1944—1945 年
战斗全重：45.5 吨
尺寸：长 9.9 米，宽 3.43 米，高 2.72 米
发动机：迈巴赫 HL230P30 发动机，最大功率 522 千瓦
最大速度：45 千米 / 小时
最大行程：160 千米
武器装备：1 门 88 毫米 Pak 43/3 或 43/4 L/71 主炮，一挺 7.92 毫米 MG-34 机枪
装甲：40—100 毫米

诺曼底战役后期，五号猎豹坦克歼击车首度参战。7月30日，第654装甲歼击营第2连的14辆战车，为阻挡英军的"蓝衣"行动发挥了关键的作用——当日，这群"猎豹"击毁了16辆丘吉尔坦克。

五号猎豹坦克歼击车通常以小股编队的形式被投入战场。在突出部战役（即德军1944年12月的阿登反攻）中，有大批战车被德国人集中投入战场。为遂行这场行动，德国人投入了51辆五号猎豹坦克歼击车（占该战车已生产总数的13%）。1944年12月20日，德国陆军第560装甲歼击营的八辆五号猎豹坦克歼击车在多姆比特根巴赫为党卫队第12"希特勒青年团"装甲师的掷弹兵们遂行的殊死突击提供了强大的火力支援。

一辆接受训练的五号猎豹坦克歼击车正在驶过平原。这辆五号猎豹坦克歼击车似乎被喷涂了"齐梅里特"防磁涂层。"齐梅里特"防磁涂层能在战车的金属装甲板上覆盖一层硬物，让磁性反坦克地雷无法吸附在装甲板上。

尽管五号猎豹坦克歼击车在进攻或防御中取得了一些战果，但由于这款战车的产量实在太少，因而没能对战争产生明显的战略影响。

六号猎虎重型坦克歼击车

1943—1944 年年间，德国人研发了六号猎虎重型坦克歼击车——这是虎王重型坦克的坦克歼击车版本。1944 年年初，德国陆军与圣瓦伦丁的奥地利军火公司斯太尔·戴姆勒·普赫签订了生产 150 辆六号猎虎重型坦克歼击车的合同。不过，直到 1945 年 5 月战争结束时，该公司也只生产了 77 辆六号猎虎重型坦克歼击车。

六号猎虎重型坦克歼击车使用的是略微加长后的虎王重型坦克底盘。不过，虎王重型坦克稍稍向内倾斜的车身侧面，在六号猎虎重型坦克歼击车上却是向上延伸的，并在与正面和背面的装甲板相结合后构成了矩形的上部战斗舱。这款战车配备的威力强大的 128 毫米 Pak 44 L/55 反坦克炮，是德军所有装甲战车上口径最大的一款火炮。

六号猎虎重型坦克歼击车在 1000 米这种典型的战斗距离发射的穿甲弹，能侵彻 230 毫米厚的垂直装甲，足以击毁盟军当时的任何一款装甲战车。不过，因六号猎虎重型坦克歼击车的备弹量只有 38 发，故其持续战斗能力颇为有限。

由于 128 毫米火炮的短缺，德国人于 1945 年年初生产的最后 26 辆六号猎虎重型坦克歼击车，改用了虎王重型坦克的标准型 88 毫米 L/71 KwK 43 火炮。值得一提的是，六号猎虎重型坦克歼击车还采用了球形机枪座的设计，在车身正面安装了一挺 MG-34 机枪，用于近距离杀伤敌人。

由六名车组成员操纵的六号猎虎重型坦克歼击车，具有出色的生存能力，其上部结构的正面装甲的倾斜角度为 75 度，厚度为 250 毫米（侧面和后部的装甲厚度只有 80 毫米）。当时盟军的任何一款坦克或反坦克炮，都难以从正面击穿六号猎虎重型坦克歼击车的装甲。128 毫米的主炮、沉重的炮弹，以及厚实的正面装甲，导致六号猎虎重型坦克歼击车的整车重量达到了 71.7 吨。因此，六号猎虎重型坦克歼击车堪称二战期间最重的装甲战车。与虎王重型坦克一样，六号猎虎重型坦克歼击车搭载了功率强劲的迈巴赫 HL230 发动机。不过，由于六号猎虎重型坦克歼击车的尺寸和重量"超标"，这款功率强劲的迈巴赫发动机也只能为该战车提供 17 千米 / 小时的最大越野速度与 38 千米 / 小时的最大公路速度。另外，六号猎虎重型坦克歼击车的油耗相当高，而且大多数桥梁也无法承受其巨大的重量，这些情况进一步限制了它的机动能力。

这些六号猎虎重型坦克歼击车的图片，充分说明了 128 毫米火炮与高大的盒状装甲上部结构的庞大尺寸。

型号：六号猎虎重型坦克歼击车

乘员：6 人
生产年份：1944—1945 年
战斗全重：71.7 吨
尺寸：长 10.65 米，宽 3.6 米，高 2.8 米
发动机：迈巴赫 HL230P30 发动机，最大功率 522 千瓦
最大速度：38 千米 / 小时
最大行程：120 千米
武器：1 门 128 毫米 PaK 44 L/55 主炮，1 挺 7.92 毫米 MG-34 机枪[1]
装甲：80—250 毫米

---

① 译者注：原文如此。

美军于 1945 年缴获的六号猎虎重型坦克歼击车——由于缺乏油料或履带受损，德国人丢弃了许多辆六号猎虎重型坦克歼击车。这辆六号猎虎重型坦克歼击车隶属第 512 重型装甲歼击营，其炮塔侧面的支架上带有备用履带链，大部分薄薄的装甲侧裙板已缺失。

斯太尔·戴姆勒·普赫公司生产的 77 辆六号猎虎重型坦克歼击车，被分配给了包括陆军第 512、第 653 重型装甲歼击营在内的三支独立反坦克部队。1945年 1 月，德军在阿尔萨斯—洛林地区发动进攻，第 653 重型装甲歼击营的九辆六号猎虎重型坦克歼击车在这场"北风"行动中发挥了重要作用。激战中，该营的一辆六号猎虎重型坦克歼击车在里姆林附近被盟军的侧射火力击毁。

从现有资料来看，在整个二战期间都没有一辆六号猎虎重型坦克歼击车毁于敌军的正面火力。不过，盟军的侧射火力和机动射击仍能给六号猎虎重型坦克歼击车造成不小的伤害。加上油料耗尽后的弃车等情况，到 1945 年 4 月 29 日时，德军在所有战线上只剩下五辆仍能使用的六号猎虎重型坦克歼击车。

38(t) 追猎者轻型坦克歼击车

德国人在 1943 年时急于做成这样一件事：设计一款造价便宜、易于生产的轻型坦克歼击车，用其来替代生存能力越来越差的黄鼠狼系列自行反坦克炮（黄鼠狼系列战车当时被配发给了各步兵师反坦克营）。在当时，业已过时但却久经考验的 38(t) 坦克底盘仍在生产（供几款装甲后勤车使用）。因此，38(t) 追猎者轻型坦克歼击车便使用了这款底盘的加宽型号。

38(t) 追猎者轻型坦克歼击车——图中这辆战车是在二战中后期生产的，这一点并不难判断：其后惰轮只有 6 个减重孔，而不是 12 个，另外，该战车的侧裙板前部和后部都有倾斜的边缘。

型号：38(t) 追猎者轻型坦克歼击车

乘员：4 人
生产年份：1944—1945 年
战斗全重：16 吨
尺寸：长 6.2 米、宽 2.93 米、高 1.96 米
发动机：布拉格 EPA/2 汽油发动机，最大功率 112 千瓦
最大速度：35 千米／小时
最大行程：214 千米
武器：1 门 75 毫米 Pak 39 L/48 主炮，2 挺 7.92 毫米 MG-34 机枪①
装甲：8—60 毫米

---

① 译者注：原文如此。

1944 年 3 月—1945 年 4 月，德国的几家军工厂共生产了 2584 辆 38(t) 追猎者轻型坦克歼击车，这款战车是当时德军列装的最常见的坦克歼击车。从技术上说，38(t) 追猎者轻型坦克歼击车的设计非常先进，整车重量只有 16 吨，配备了一门 75 毫米 Pak 39 L/48 火炮（这是四号坦克使用的标准武器）。38(t) 追猎者轻型坦克歼击车拥有大倾斜度的装甲和低矮的车身，其装甲上部结构被直接安装在加宽了的 38(t) 坦克底盘上。而 75 毫米 Pak 39 L/48 火炮则被安装在转向角度有限的"猪头"上，防盾位于上部结构正面装甲板的中线偏右侧 38 厘米处。38(t) 追猎者轻型坦克歼击车的总体尺寸较小，其火炮身管大大超出了车辆前部。这款战车还在上部结构的顶部安装有一挺由车长通过遥控的方式操纵的可 360 度旋转的 7.92 毫米 MG-34 机枪。

以 1944 年时的标准来看，38(t) 追猎者轻型坦克歼击车的装甲板较薄，但其低矮的车身和倾斜安装的装甲板弥补了这个弱点，其正面装甲厚 60 毫米、倾斜角度为 40—60 度，上部结构的侧面装甲厚 20 毫米、倾斜角度为 20 度。另外，这款战车还安装了 5 毫米厚的侧裙板，能抵御空心装药炮弹对战车履带的攻击。与 38(t) 坦克一样，38(t) 追猎者轻型坦克歼击车使用了捷克制造的布拉格汽油发动机（最大输出功率为 112 千瓦），但由于整车重量的增加，其功重比只有 9.4 马力 / 吨。因此，这款战车的最大公路速度较慢，只有 26 千米 / 小时（最大越野速度也只有 15 千米 / 小时）。

1944 年年间，越来越多的 38(t) 追猎者轻型坦克歼击车被德军用来替换各步兵师自行反坦克连剩下的黄鼠狼系列战车。1944 年，各步兵师均被配发了 10 辆 38(t) 追猎者轻型坦克歼击车。1945 年，各步兵师的反坦克连被更名为装甲歼击连，均被配发了 14 辆 38(t) 追猎者轻型坦克歼击车。另外，这款战车还列装了七个装甲掷弹兵师、五个装甲掷弹兵旅和七个独立单位。在战争最后的 18 个月里，这款隐蔽效果好、油耗较低的轻型坦克歼击车为德国步兵提供了卓有成效的机动反坦克火力。

自行火炮

与步兵师一样，德国的机械化兵团同样需要间接火力支援。二战爆发时，德国陆军常以牵引车拖曳火炮，为装甲师高度机动的装甲先遣力量提供间接火力支援。大多数情况下，担任先遣力量的装甲中队可迅速穿过崎岖的地形，而由牵引车拖曳的火炮却无法及时跟上。德国人最终意识到，他们的装甲师需要一款全履带式的装甲战车，且车上必须安装有火炮。

尽管德军装备的此类战车并不多，但本书还是要介绍其中最重要的几款：黄蜂自行火炮、熊蜂自行火炮和蟋蟀自行火炮。

使用二号坦克底盘，配备 105 毫米 leFH 18/2 火炮的黄蜂自行火炮

二战期间，德国人生产的自行火炮主要有三款，其中最著名的可能是黄蜂自行火炮。如上所述，这款战车的型号的完整字面意思是：以二号坦克底盘搭载 105 毫米 18/2 轻型野战榴弹炮的黄蜂自行火炮。

黄蜂自行火炮——图中这辆黄蜂自行火炮车身前部左侧的硕大单灯清晰可见，在其车灯后方、上部结构前侧面，有一个供驾驶员使用的狭小的水平观察孔。

型号：黄蜂自行火炮

乘员：5 人
生产年份：1943—1944 年
战斗全重：12.1 吨
尺寸：长 4.81 米，宽 2.28 米，高 2.25 米
发动机：迈巴赫 HL62TR 发动机，最大功率 104 千瓦
最大速度：40 千米 / 小时
最大行程：220 千米
武器：1 门 105 毫米 LeFH 18M L/28 轻型野战榴弹炮
装甲：5—30 毫米

1942 年，德国三家军火公司（阿尔克特、曼、莱茵金属 - 博尔西格）共同设计了黄蜂自行火炮，而之后的生产工作则被交给了法莫公司（该公司位于被德国占领的波兰华沙）。黄蜂自行火炮搭载了德军制式轻型火炮，也就是用途广泛的 105 毫

米 leFH 18/2 轻型野战榴弹炮。这款火炮装有炮口制退器，在发射高爆弹时的炮口初速可达 470 米 / 秒。黄蜂自行火炮使用了经过改进的二号坦克底盘（二号坦克到 1940 年时已不太适合在前线使用，但它的底盘性能可靠，完全可用于新设计的黄蜂自行火炮），其装甲较薄的战斗舱上安装有 105 毫米榴弹炮。

二号坦克是一款相对较小的坦克，而这就意味着黄蜂自行火炮只能携带 40 发 105 毫米炮弹，这种情况限制了它的战术效用。为弥补这点不足，每个黄蜂自行火炮连都配备了一辆黄蜂弹药运送车（载有额外的 90 发炮弹）。德国的几家军工厂使用没装炮塔的二号坦克或没装火炮的黄蜂自行火炮，制造了 158 辆黄蜂弹药运送车。

105 毫米榴弹炮被安装在黄蜂自行火炮顶部敞开的盒状上部结构内，而上部结构则向下倾斜并朝后方延伸，只有一块低矮的后部装甲板。黄蜂自行火炮的整个上部结构直接被安装在二号坦克底盘上。黄蜂自行火炮由五名车组成员操纵，防护性一般：车身装甲厚 18 毫米，上部结构的装甲板厚 10 毫米。黄蜂自行火炮的生存能力一般，备弹也不多，因而其整车重量不超过 11.5 吨。

黄蜂自行火炮的战斗舱——通过这张从侧面拍摄的照片可以看到，黄蜂自行火炮的战斗舱内的空间是多么局促，其敞开的顶部向后延伸，车组人员根本没有得到任何对空防护。

黄蜂自行火炮搭载了一台最大输出功率为104千瓦的迈巴赫发动机，并使用了经改进的二号坦克悬挂，其最大公路速度达40千米/小时。不过，黄蜂自行火炮的最大越野速度令人失望，只有20千米/小时。

1942—1944年年末，法莫公司要么改装已过时的二号坦克，要么使用新制造的二号坦克底盘，生产了684辆黄蜂自行火炮。德国人用这些自行火炮列装了装甲师和装甲掷弹兵师辖内的装甲炮兵营。此类炮兵营通常编有两个列装了黄蜂自行火炮的轻装连（每个连六辆黄蜂自行火炮）。由于黄蜂自行火炮的产量有限，而炮兵营的数量众多，再加上战斗损失，许多轻装连配备的战车数量远达不到编制规定的六辆。

使用三号/四号坦克底盘，装备150毫米PzFH 18/1火炮的熊蜂自行火炮

阿尔克特公司设计的熊蜂自行火炮，是一款重型自行火炮，通常会被配备给装甲师辖内的装甲炮兵营里唯一的重型自行火炮连。这款战车的官方型号是：搭载三号/四号自行炮架的18/1装甲榴弹炮战车。

熊蜂自行火炮安装有150毫米sFH 18/1 L/30重型野战榴弹炮（这是德军制式重型野战炮）。熊蜂自行火炮拥有六名车组成员，其火炮被安装在装甲较薄的上部结构内，而整个上部结构则安装在三号/四号混合底盘（这种底盘综合了三号、四号坦克的设计特点）顶部。实际上，熊蜂自行火炮使用的是四号坦克的底盘，除了其迈巴赫发动机被前置外，在主减速器和链轮方面还综合了三号坦克的设计。但因为这种混合型底盘的短缺，所以最后生产的熊蜂自行火炮中有一部分使用的是标准的四号坦克底盘。此外，这款战车还配备了一挺7.92毫米MG-34机枪（备弹600发），用于近距离防御。

硕大的150毫米火炮导致熊蜂自行火炮的整车重量高达25.9吨。设计熊蜂自行火炮时，阿尔克特公司不得不小心避免该战车的最终重量超出三号/四号混合底盘的承载力，而减轻整车重量的主要办法是只配备18发150毫米炮弹。这样的解决方式限制了这款战车的作战能力，德国人采用的办法是给每个连配一辆熊蜂弹药运送车（德意志钢铁公司为此生产了150辆弹药运送车）。减轻熊蜂自行火炮的整车重量的第二个办法是只提供适度的装甲防护：车体下部装甲板的厚度仅为20毫米，上部结构的装甲板的厚度仅为10毫米。熊蜂自行火炮的最大公路速度达42千米/小时，沿公路行进时，其最大作战距离为215千米。

1943 年夏季，在东线的熊蜂自行火炮——一个高度伪装的熊蜂战车连被部署在开阔的灌木地带，车组人员的神情似乎很轻松，这说明当时不会发生交火。

熊蜂自行火炮——位于熊蜂自行火炮上部结构的前左侧、稍稍倾斜的装甲观察孔非常显眼。熊蜂自行火炮上部结构的前右侧也有一个类似的观察孔，这能让驾驶员和报务员及时掌握车外的情况。

型号：熊蜂自行火炮

乘员：6 人

生产年份：1943—1945 年

战斗全重：25.9 吨

尺寸：长 7.17 米，宽 2.97 米，高 2.81 米

发动机：迈巴赫 HL120TRM 发动机，最大功率 224 千瓦

最大速度：42 千米 / 小时

最大行程：215 千米

武器：1 门 150 毫米 sFH 18/1 L/30 重型野战榴弹炮，1 挺 7.92 毫米机枪

装甲：10—20 毫米

熊蜂自行火炮的生产完全由德意志钢铁公司承担。从 1942 年 12 月到 1944 年 6 月的这 19 个月里，该公司以平均每个月 35 辆的速度生产了 669 辆熊蜂自行火炮。这样的产量，让每个装甲师辖内的装甲炮兵营里的唯一的重型自行火炮连都可以分配到六辆熊蜂自行火炮。在 1943 年 7 月的 "堡垒" 作战中，当德军装甲部队猛攻红军在东线中央坚守的库尔斯克突出部时，有大批熊蜂自行火炮参战——这也是它们首度参与战斗。22 个德军装甲兵团装备的约 100 辆熊蜂自行火炮参加了这场突击，德国人急需借助它们的猛烈火力去突破红军精心构筑的防御地带。不过，在其他各条战线服役的熊蜂自行火炮的总数量依然很少。到二战的最后几天时，仍能作战的熊蜂自行火炮只剩下了几十辆。

使用 38(t) 坦克底盘，装备 150 毫米 sIG 33 步兵炮的蟋蟀 H 型自行火炮

德国人于 1942 年设计的蟋蟀 H 型自行火炮也是一款重型自行火炮，他们把 150 毫米 sIG 33 重型步兵炮安装在由捷克设计的、已然过时的 38(t) 坦克底盘上。蟋蟀 H 型自行火炮有一个顶部敞开的、浅浅的装甲战斗舱——安装在发动机后置的 38(t) 坦克 H 型的底盘上。蟋蟀 H 型自行火炮的生存能力较佳，其车身正面的装甲板厚达 50 毫米，而上部结构的装甲板的厚度也有 25 毫米。

1943 年 2—6 月，位于布拉格的 BMW 公司制造了 200 辆蟋蟀 H 型自行火炮。1943 年 11 月，该公司生产了最后 10 辆蟋蟀 H 型自行火炮。这些战车被配发给了装甲师和装甲掷弹兵师下辖的各装甲掷弹兵团的步兵炮连——按照规定编制，每个步兵炮连应当列装六辆蟋蟀 H 型自行火炮。不过，由于蟋蟀 H 型自行火炮的产量较低，因此规定的编制数量往往难以实现。

1943 年，第二款蟋蟀自行火炮出现了（也就是蟋蟀 K 型自行火炮）。这款战车同样使用了 150 毫米 sIG 33 重型步兵炮——该重型步兵炮安装在被彻底重新设计的 38(t) 坦克 M 型底盘上。德国人重新设计这款底盘的目的是为各种自行武器提供搭载平台（包括追猎者轻型坦克歼击车）。新式底盘搭载了一部布拉格发动机（最大输出功率为 112 千瓦）。这款发动机被安装在底盘的中部，这使得顶部敞开的战斗舱得以被安装在底盘的后部上方。与蟋蟀 H 型自行火炮相比，蟋蟀 K 型自行火炮顶部敞开的上部结构的尺寸较小，但高度更高。从 1943 年 12 月起，德国的几家公司在 10 个月内共生产了 162 辆蟋蟀 K 型自行火炮。

蟋蟀 H 型自行火炮（Sdkfz 138）——图中这款战车，看上去与其姊妹车型（蟋蟀 K 型自行火炮）迥然不同，伸向前方的 150 毫米 sIG 33 重型步兵炮，被安装在倾斜的简单盒状上部结构内。

蟋蟀 K 型自行火炮（Sdkfz 138）——这款战车的火炮底部装有一块铰链钢板，当火炮升高时，钢板会挡住战斗舱正面装甲板上出现的缺口。

型号：蟋蟀 K 型自行火炮

乘员：5 人
生产年份：1943—1944 年
战斗全重：12.7 吨
尺寸：长 4.61 米，宽 2.16 米，高 2.40 米
发动机：布拉格 EPA/2 发动机，最大功率 112 千瓦
最大速度：35 千米 / 小时
最大行程：185 千米
武器：1 门 150 毫米 sIG 33 重型步兵炮，1 挺 7.92 毫米 MG-34 机枪
装甲：车身正面 50 毫米

两个型号的蟋蟀自行火炮，都遇到了与黄蜂和熊蜂自行火炮一样的问题：主炮备弹量有限。蟋蟀 K 型自行火炮只能携带 15 发炮弹。为解决这个问题，德国人同样采用了加配弹药运送车的办法。1944 年 1—5 月，BMW 公司生产了 102 辆没安装火炮的蟋蟀 K 型自行火炮来充当弹药运送车。此外，这些车辆还获得了一套战场改装套件——也就是说，在必要的情况下，前线人员可以迅速将之改装成装有火炮的战车。

德国自行火炮的性能对比			
车型	黄蜂自行火炮	熊蜂自行火炮	蟋蟀自行火炮
炮口初速	470 米 / 秒	520 米 / 秒	240 米 / 秒
最大射程	10675 米	13250 米	4700 米

装甲车和半履带车

除了坦克和自行火炮，装甲战车的另一个类别也为战时的各德国师做出了重要的贡献。这个类别的装甲战车包括轮式装甲车和半履带式装甲运兵车。在两次世界大战之间发展起来的德制轮式装甲车，遂行侦察、搜索、情报收集任务。而德制半履带装甲运兵车的设计目的则是把步兵运往战术战场边缘，他们在那里下车后就可立即投入战斗。但二战爆发后，这些装甲战车的战术用途突然发生了变化，它们开始越来越频繁地参与战术交战或遂行战斗侦察。大批升级了火炮的轮式装甲车和专用装甲运兵车的变款随之出现，而装有火炮的重型轮式装甲车也应运而生了。

本节将介绍此类装甲战车中最重要的八个型号。

Sdkfz 231 六轮重型装甲侦察车

两次世界大战之间，德国陆军研发的第一个装甲车系列是 Sdkfz 231 六轮重型装甲侦察车。这种可搭载四名乘员的车辆，使用了比辛 - 纳格底盘，配备两对后驱动轮和一对转向前轮。其底盘上装有由薄装甲板构成的上部结构，上部结构的顶上又有一个带棱角的小型炮塔——炮塔上安装了一门 20 毫米 KwK 30 火炮，以及一挺毛瑟 7.92 毫米 MG-13 同轴机枪（后期制造的车型安装的是 MG-34 同轴机枪）。这款装甲车重 7.9 吨。

1932—1935 年，戴姆勒 - 奔驰生产了 123 辆 Sdkfz 231 六轮重型装甲侦察车。德国人后续生产了 Sdkfz 231 六轮装甲车各种专用变款（都沿用了相关设计），令人困惑的是，他们赋予了这些车辆不同的 Sdkfz 编号。例如 Sdkfz 232 无线电通信车就是安装有造型独特的水平框架天线、配备 100 瓦电台的指挥车。

Sdkfz 231 六轮重型装甲侦察车——可以从这张左侧视图中看到安装在炮塔左侧的机枪和安装在炮塔中央的 20 毫米火炮。此外，炮塔两侧的装甲观察孔同样清晰可见。

型号：Sdkfz 231 六轮重型装甲侦察车

乘员：4 人
生产年份：1930—1936 年
战斗全重：7.9 吨
尺寸：长 5.57 米，宽 1.82 米，高 2.25 米
发动机：戴姆勒 - 奔驰、比辛 - 纳格发动机，最大功率 115 千瓦
最大速度：70 千米 / 小时
最大行程：300 千米
武器：1 门 20 毫米 KwK 30 火炮，1 挺 7.92 毫米 MG-13 同轴机枪
装甲：8—15 毫米

Sdkfz 221 四轮轻型装甲侦察车

两次世界大战之间，德国陆军研发的第二个装甲车系列是霍希设计的 Sdkfz 221 四轮轻型装甲侦察车。这种重 3.75 吨的紧凑型两人装甲车于 1935 年投产，其配备了一挺 7.92 毫米 MG-34 机枪，装甲板的厚度为 8—14.5 毫米。Sdkfz 221 四轮轻型装甲侦察车搭载了最大输出功率为 56 千瓦的霍希汽油发动机，其最大公路速度达 80 千米 / 小时。这款装甲车的油箱容量为 100 升，跨越崎岖地形时的最大作战半径为 198 千米。

Sdkfz 221 四轮轻型装甲侦察车——可以从这张左侧视图中看出该装甲车的炮塔非常低矮。此外，请注意这辆装甲车上部结构左后侧的硕大的双铰链舱门。

型号：Sdkfz 221 四轮轻型装甲侦察车

乘员：2 人
生产年份：1935—1944 年
战斗全重：3.75 吨
尺寸：长 4.80 米，宽 1.95 米，高 1.70 米
发动机：霍希 3.5 升汽油发动机，最大功率 56 千瓦
最大速度：80 千米 / 小时
最大行程：198 千米
武器：1 挺 7.92 毫米 MG-34 机枪
装甲：8—14.5 毫米

一如既往，德国人以这款装甲车为基础研发了几个变款（包括无线电通信车）——重 4.8 吨的四轮型 Sdkfz 222 就是其中之一，该车造型独特，有 10 个侧面、顶部敞开的旋转炮塔上安装有一门 20 毫米 KwK 30 火炮和一挺 7.92 毫米 MG-34 同轴机枪。

1935—1942 年，霍希设计的这些轻型装甲车共生产了 2116 辆。

Sdkfz 231 八轮重型装甲车

两次世界大战之间，德国人研发的第三个，也是最后一个装甲车系列，就是编号混乱的比辛 - 纳格 Sdkfz 231 八轮重型装甲车。1937—1942 年，德国人生产了 1235 辆该系列的装甲车。从外表上来看，Sdkfz 231 八轮重型装甲车与 Sdkfz 231 六轮重型装甲侦察车很相似，但前者的车身更长，且炮塔的安装位置更靠前（超过了第二个轮轴）。更混乱的是，德国的好几家公司都生产了 Sdkfz 231 八轮重型装甲车的各种变款，例如 Sdkfz 232 与 Sdkfz 263 八轮通信车，以及 Sdkfz 233 重型后勤车。

Sdkfz 231 八轮重型装甲车——车顶安装的大型框架式天线说明，这是 *Sdkfz 231* 八轮重型装甲车的通信车车型。令人困惑的是，德国人把这款通信车的型号定为 *Sdkfz 232*。

型号：Sdkfz 231 八轮重型装甲车（侦察车）

乘员：4 人

生产年份：1937—1942 年

战斗全重：8.4 吨

尺寸：长 4.67 米，宽 2.2 米，高 2.35 米

发动机：比辛 - 纳格 L8V 发动机，最大功率 157 千瓦

最大速度：85 千米 / 小时

最大行程：300 千米

武器：1 门 20 毫米 KwK 30/38 L/55 火炮，1 挺 7.92 毫米 MG-13 同轴机枪

装甲：8—15 毫米

涂有冬季伪装色的 Sdkfz 231 八轮重型装甲车——图中这辆涂有冬季伪装色的装甲车，于 1943 年冬末至次年初春跟随党卫队第 3 "骷髅" 装甲掷弹兵师在哈尔科夫作战。

　　Sdkfz 231 八轮重型装甲车的标准款可载四名乘员，全重 8.4 吨，装有一门 20 毫米 KwK 38 火炮和一挺 MG-34 机枪。不过，最早的车型安装的是 KwK 30 火炮和毛瑟 MG-13 同轴机枪。

　　这种八轮重型装甲车的两端都有传动控制结构，安装了八个独立悬挂和可进行单独转向的车轮——这就意味着即便有几个车轮损坏，车辆仍能行驶。这种创新设计，让这款八轮战车成了二战爆发前世界上最先进的装甲车。

Sdkfz 234/1 八轮重型装甲车

　　德国陆军在 1942 年时意识到，只有研发一款防护力更好、火力更强的装甲车，才能在当前的战术战场上有效执行侦察任务。这种观点在 1943 年时 "催生了" Sdkfz 234 八轮重型装甲车——后来，德国人又以该战车为基础研发了四个变款车型。这些新式装甲车的主要特点是每个车轮都能独立驱动。德国人从以往高昂的损失中学到的教训是：旧型轮式装甲车只要损坏了一个车轮，整部车辆就无法行驶。而 Sdkfz 234 装甲车哪怕损坏了几个车轮，仍能进行正常的战术机动。

　　基本型的 Sdkfz 234/1 八轮重型装甲车重 11.7 吨，超过了以往任何一款德制装甲车。尽管车体庞大，但搭载了最大输出功率为 156 千瓦的柴油发动机的 Sdkfz 234/1 八轮重型装甲车的最大公路速度依然高达 88 千米 / 小时。这款装甲车的主武器是一门 20 毫米火炮。1943—1944 年，德国共生产了 708 辆 Sdkfz 234/1 八轮重型装甲车，并配发给了各装甲师下辖的装甲车连。不过事实证明，这款装甲车使用的 20 毫米火炮，无法胜任战斗任务。

Sdkfz 234 美洲狮八轮重型装甲车

　　1943 年，前线德军急需火力更加强大的装甲车。这种需求，催生了 Sdkfz 234/2 美洲狮八轮重型装甲车。这种装甲车拥有一门安装在旋转炮塔上的 50 毫米长身管 KwK 39/1 L/60 火炮，整部车看上去更像是轮式轻型坦克。大口径火炮和炮塔的重量，导致"美洲狮"的最大公路速度和最大行程略有下降。不过，"美洲狮"的反坦克性能却得到了大幅度提高，可有效应对敌人装甲薄弱的战车。

Sdkfz 234/2 美洲狮八轮重型装甲车——这辆装甲车被喷涂了三色迷彩，其车身后尾板处有一只备用车轮。请注意该车炮塔侧面靠前部安装的三个烟幕弹发射器。

型号：Sdkfz 234/2 美洲狮八轮重型装甲车

乘员：4 人

生产年份：1943—1945 年

战斗全重：10.5 吨

尺寸：长 6.02 米，宽 2.36 米，高 2.1 米

发动机：太脱拉 103 V12 柴油发动机，最大功率 157 千瓦

最大速度：90 千米 / 小时

最大行程：1000 千米

武器：1 门 50 毫米 KwK 39/1 L/60 火炮，1 挺 7.92 毫米 MG-34 同轴机枪

装甲：9—30 毫米

从 1943 年年底起，德国开始在装甲师和装甲掷弹兵师下辖的装甲侦察营里列装"美洲狮"。1943 年年间，德国人希望用"美洲狮"彻底汰换 Sdkfz 234/1 八轮重型装甲车，但因前者的产量始终不高（只完成了 101 辆）而作罢。因此，Sdkfz 234/1 八轮重型装甲车和"美洲狮"被共同列装部队——这种情况一直持续到战争结束。

Sdkfz 234 美洲狮八轮重型装甲车的各变款对比			
变款	生产期	产量	车载主炮的布置
Sdkfz 234/2	1943—1944 年	101 辆	旋转式炮塔
Sdkfz 234/3	1944—1945 年	88 辆	顶部敞开的上部结构
Sdkfz 234/4	1944—1945 年	89 辆	顶部敞开的上部结构

"美洲狮"展现出的战斗力，促使德国人着手研发其临时性变款——Sdkfz 234/3。"美洲狮"这个变款重 9.95 吨，装有一门 75 毫米短身管 KwK L/24 低速火炮（即早期四号坦克所使用的主炮）。这门转向角度有限的火炮被安装在车辆顶部敞开的上部结构内——Sdkfz 234/3 的上部结构为车组乘员提供的防护非常有限。"美洲狮"系列装甲车的最后一个变款——Sdkfz 234/4，于 1944 年列装部队。德国人在这款装甲车的顶部敞开的上部结构内安装了一门威力强大的 75 毫米长身管 KwK L/48 火炮（即四号坦克 G 型到 J 型所使用的主炮）。1944 年 6 月—1945 年 3 月，德国共生产了 88 辆 Sdkfz 234/3 和 89 辆 Sdkfz 234/4。

Sdkfz 251 中型半履带装甲运兵车

德国人在 20 世纪 30 年代后期所研发的车辆，最终具备了装甲车的许多功能。这些车辆就是半履带装甲运兵车（APC），或可称其为 Schützenpanzerwagen（SPW），它们是德国把步兵平安运抵战术战场的首选运输工具。德国于 1935 年组建了第一批装甲师。当时，他们需要一款可运送步兵（装甲掷弹兵）的装甲车，以便让步兵跟随坦克一同投入战斗。

德国陆军在 1935 年时做出决定：对当时的三吨半履带牵引车底盘进行适当改进，以研发一款用于运送 10 人标准步兵班的车辆。Sdkfz 251 中型半履带装甲运兵车应运而生，并于 1939 年中期投产。当年 9 月战争爆发时，德军已列装了 67 辆这种运兵车。

德国人为三吨半履带牵引车底盘添加了顶部敞开、倾斜度良好、后部开门的装甲上部结构，车载步兵既可以从后门下车，也可以从上部结构侧面跳下装甲车。Sdkfz

251 中型半履带装甲运兵车倾斜的上部结构拥有 14.5 毫米厚的正面装甲板，以及 8 毫米厚的侧面和后部装甲板。此外，该车的底盘上还安装有一对前置轮轴和一对后置履带（每条履带内装有七个交错的负重轮和一个单独的前主动轮）。Sdkfz 251 中型半履带装甲运兵车搭载有一挺 MG-34 机枪，但其顶部敞开的战斗舱前部未设防盾。最初设计的 A 型与后续车型的区别是，其上部结构每一侧的顶部都有三个突出的矩形观察孔。在 1939 年的波兰战局中，少量 Sdkfz 251 中型半履带装甲运兵车被列装德军装甲师，与大批运送装甲师步兵力量的轻型装甲卡车一同行动。德国人最初的设计构想是，由 Sdkfz 251 中型半履带装甲运兵车把步兵送到战术战场边缘，步兵在那里下车后再步行投入战斗。因此，为跟上坦克的速度，德国人改进了 Sdkfz 251 中型半履带装甲运兵车的快速越野性能，但代价是该车只能安装较薄的装甲。

1943 年 7 月，党卫队的半履带装甲运兵车和突击炮被投入库尔斯克战役——1943 年 7 月"堡垒"作战期间，党卫队第 2"帝国"装甲掷弹兵师的一辆配备 MG-42 机枪的 Sdkfz 251 中型半履带装甲运兵车正驶过开阔地带。

德国人在 1940 年生产了大约 347 辆 Sdkfz 251 中型半履带装甲运兵车的 B 型和 C 型。为简化生产流程，德国人去除了 B 型的侧面观察孔，并为其前部的 MG-34 机枪添加了一块独特的、可为射手提供额外防护的防盾。C 型也被修改了原先的设计。例如，德国人为 C 型安装了单片式车首装甲板，而不是 A 型和 B 型所采用的倾斜的两片式车首装甲板。1941—1944 年，被进一步简化的 D 型开始批量生产。Sdkfz 251 中型半履带装甲运兵车的生产高峰是在 1944——德国人当年生产了 7820 辆。到战争结束时，德国人总共生产了大约 16300 辆各种型号的中型装甲运兵车。

　　1941—1942 年，Sdkfz 251 中型半履带装甲运兵车被配发给德国装甲师编成内的装甲掷弹兵团辖内的营。配备装甲运兵车的部队被称为装甲车营，编制内有 160 辆 Sdkfz 251 中型半履带装甲运兵车。因为产能有限，德国只能为大多数装甲师和装甲掷弹兵师提供一个营级编制的 Sdkfz 251 中型半履带装甲运兵车。1944 年 12 月，德军装备的 Sdkfz 251 中型半履带装甲运兵车的数量到达顶峰，总数为 6147 辆。

Sdkfz 251/1 中型半履带装甲运兵车 B 型——这辆装甲运兵车配备了两挺 MG-34 机枪，前面一挺机枪安装有防盾。A 型与 B 型基本一样，只是前者的上部结构的侧面多了三个观察孔。

型号：Sdkfz 251/1 中型半履带装甲运兵车 B 型

乘员：2 人，外加 10 名士兵
生产年份：1939—1945 年
战斗全重：9.9 吨
尺寸：长 5.98 米，宽 2.1 米，高 1.75 米
发动机：迈巴赫 HL42TUKRM 发动机，最大功率 74 千瓦
最大速度：53 千米 / 小时
最大行程：300 千米
武器：2 挺 7.92 毫米 MG-34 机枪
装甲：8～14 毫米

各公司生产的 Sdkfz 251 中型半履带装甲运兵车	
公司	生产的型号
德意志钢铁公司	D 型
哈诺马格公司（汉诺威）	A—C 型
MNH 公司（汉诺威）	D 型
席肖公司（埃尔宾）	A—C 型
韦泽许特公司（巴德奥艾因豪森）	A—C 型
武马格（格尔利茨）	A—C 型

Sdkfz 251 中型半履带装甲运兵车的变款

在 1940 年的西方战局和在 1941 年轴心国入侵苏联期间，德国人迅速发展了装甲运兵车的应用战术。装甲运兵车被越来越频繁地投放到激烈的战斗中，经常发生的情况是，车载步兵还没下车就已开始与敌方交火。战术上的这些变化，促使德国人以 Sdkfz 251 中型半履带装甲运兵车的基本型为基础开发出了 22 个子型号，与原型车相比，有些子型号配备了更好的武器和防护性能更佳的装甲。

第一个子型号是 Sdkfz 251/1 中型半履带装甲运兵车，它配备了四联装 7.92 毫米 MG-34 机枪。有些 Sdkfz 251/1 中型半履带装甲运兵车经过改进后，还可以使用安装在车身侧面的框架来发射六枚 280 毫米或 320 毫米火箭弹。1941 年 10 月，Sdkfz 251/10 中型半履带装甲运兵车投产，这是第一个升级车载武器的子型号，德国人在其上部结构前方安装了一门 37 毫米 Pak 36 反坦克炮。

于 1942 年出现的 Sdkfz 251/9 中型半履带装甲运兵车，安装了一门 75 毫米短身管 KwK 37 L/24 火炮（即早期的四号坦克所使用的火炮）。最后一个升级车载武器的子型号是 Sdkfz 251/22 中型半履带装甲运兵车，它安装了一门完整的 Pak 40 反坦克炮。另一个强调火力的子型号是 Sdkfz 251/16 中型半履带装甲运兵车，它携带了两个容量为 700 升的油料箱，其上部结构顶端两侧安装有两具 14 毫米火焰喷射器。

Sdkfz 251 中型半履带装甲运兵车的其他子型号更注重防御。例如在 1943—1944 年年间出现的两个子型号，其设计初衷就是为对付盟军日益加剧的战术空中威胁。Sdkfz 251/17 中型半履带装甲运兵车的上部结构前部安装有 20 毫米 Flak 30 或 Flak 38 高射炮。而 Sdkfz 251/21 中型半履带装甲运兵车则以三联装的形式搭载了德国空军的 15 毫米 MG-151 机枪。另外，德国人还为特定战术任务设计了中型装甲运兵车的一系列变款，包括 Sdkfz 251/5 装甲工兵车，以及供高级指挥官使用的 Sdkfz 251/6 指挥车。

冬季，身处东线的装甲掷弹兵——两辆 Sdkfz 251 系列中型半履带装甲运兵车载着德军士兵向前行进，履带卷起冰雪。注意车辆的后置履带，那里有七对交错的负重轮和驱动轮。

Sdkfz 251/9 中型半履带装甲运兵车 D 型——图中这辆战车安装有 75 毫米火炮，其装甲上部结构左侧的后门被打开，以此说明士兵如何上下车。

型号：Sdkfz 251/9 中型半履带装甲运兵车 D 型

乘员：3 人

生产年份：1943—1945 年

战斗全重：9.4 吨

尺寸：长 5.98 米，宽 2.83 米，高 2.07 米

发动机：迈巴赫 HL42TUKRM 发动机，最大功率 74 千瓦

最大速度：53 千米 / 小时

最大行程：300 千米

武器：1 门 75 毫米 KwK 37 L/24 火炮

装甲：5.5—14.5 毫米

Sdkfz 250 轻型半履带装甲运兵车

1939 年，德国人利用现存的 Sdkfz 10 火炮牵引车底盘，开发了一款轻型半履带装甲运兵车。这种新式轻型半履带装甲运兵车的型号被定为 Sdkfz 250/1，它的尺寸小于 Sdkfz 251 中型半履带装甲运兵车，其顶部敞开的装甲上部结构也按比例被缩小了。这款装甲运兵车的履带后置，装有五对交错的负重轮和一对单独的前主动轮，以及一对单轴前轮。Sdkfz 250 轻型半履带装甲运兵车很小，只能搭载六人，无法运送一个完整的步兵班（步兵班是最基本的小型战术分队）。尽管尺寸有限，但标准款轻型半履带装甲运兵车非常适合"扮演"各种特定角色，例如充当工兵战车、侦察用车和迫击炮车。

基本款 Sdkfz 250/1 轻型半履带装甲运兵车重 5.3 吨，最大速度达 60 千米 / 小时。这种战车的正面装甲板厚 14.5 毫米，后部和侧面的装甲板厚 8—10 毫米。

Sdkfz 250/3 轻型装甲通信车——图中的这款 Sdkfz 250/3 轻型装甲通信车装有大型框架式天线，它的四个子型号（从 3-Ⅰ型到 3-Ⅳ型），可根据不同的用途（对空作战车、密接空中支援车、地面突击车）配备不同的电台。

型号：Sdkfz 250/3 轻型装甲通信车

乘员：2 人，外加 4 名士兵
生产年份：1941—1945 年
战斗全重：5.3 吨
尺寸：长 4.56 米，宽 1.95 米，高 1.66 米
发动机：迈巴赫 HL42TRKM 六缸发动机，最大功率 74 千瓦
最大速度：60 千米 / 小时
最大行程：300 千米
武器：2 挺 7.92 毫米 MG-34 机枪
装甲：5.5—14.5 毫米

Sdkfz 250 轻型半履带装甲运兵车会搭载一挺或两挺 7.92 毫米 MG-34 机枪，它们通常会被装在上部结构前部（有时也装在后部）的旋转枪架上。1939 年 12 月，德马格公司开始生产这款战车。1940 年 2 月，第一批出厂的该型战车被列装前线部队——首批战车被配发给了装甲掷弹兵的连、排级指挥官，充当他们的指挥用车。

在 1940 年 5 月的西方战局中，Sdkfz 250 轻型半履带装甲运兵车首度参战，其在遂行战术任务时的表现令人满意。由于战场对这款战车的需求越来越大，阿德勒、比辛-纳格和 MWC 公司也加入了生产行列。因此，这款战车在 1941—1942 年的产量得到了大幅度增加。从 1943 年起，几家公司对这款战车的设计进行了几番修改（包括以观察孔替代装甲观察翻板），并加快了生产速度。这款战车一直被生产到战争结束，其 15 个子型号总共被制造了 7232 辆。相比之下，更大的半履带装甲运兵车一直不太多见，例如至 1944 年 11 月时，德国都仅列装了 2185 辆 Sdkfz 251 中型半履带装甲运兵车。

Sdkfz 250/9 侦搜车——Sdkfz 250/9 侦搜车装有 Fu8 电台，于 1943 年列装。图中这辆战车使用了不太常见的橄榄色和卡其色迷彩涂装。

型号：Sdkfz 250/9 侦搜车

乘员：3 人
生产年份：1941—1945 年
战斗全重：6.9 吨
尺寸：长 4.56 米，宽 1.95 米，高 2.16 米
发动机：迈巴赫 HL42TRKM 六缸发动机，最大功率 74 千瓦
最大速度：60 千米 / 小时
最大行程：320 千米
武器：1 门 20 毫米 KwK 38 机关炮，1 挺 7.92 毫米同轴机枪
装甲：5.5—14.5 毫米

Sdkfz 250 轻型半履带装甲运兵车的变款

如我们所知，随着战争的持续，德国人逐渐发展了使用装甲运兵车的战术学说。与尺寸更大的 Sdkfz 251 中型半履带装甲运兵车一样，Sdkfz 250/1 轻型半履带装甲运兵车被越来越多地卷入激烈的战术交战。这种情况促使德国人开发了一系列子型号，它们要么是被升级了车载武器，要么是被用于执行各种特定任务的专用车型。除了基本款，德国各家军火公司共生产了大约 14 个 Sdkfz 250 系列战车的子型号，有些车型重复了 Sdkfz 251 中型半履带装甲运兵车的 22 个子型号所充当的战术角色。

有几个子型号为战术战场提供了急需的火力。例如于 1943 年列装的 Sdkfz 250/8，它配备了一门 75 毫米短身管 KwK 37 L/24 火炮和一挺 7.92 毫米 MG-34 机枪，其中 MG-34 可发射曳光弹，因而又充当了主炮的瞄准与测距设备。Sdkfz 250/7 是一款专用迫击炮车，车组成员可从车内操控 81 毫米迫击炮——他们通常的做法是先把迫击炮部署在易于隐蔽的地方。

德国人在当时曾打算以 Sdkfz 250/9 侦搜车来替代 Sdkfz 222 四轮轻型装甲侦察车，即想把 Sdkfz 222 的整个炮塔（炮塔内装有 20 毫米火炮）安装在前者的上部结构顶部。在这个计划之上，他们的总体想法是以 Sdkfz 250、Sdkfz 251 等"半履带车"换掉防护性和机动性欠佳的"轮式装甲车"。

另外几款轻型半履带装甲运兵车主要被用于加强前线德军的反坦克能力，如配备了 37 毫米 Pak 36 反坦克炮的 Sdkfz 250/10。于 1942 年列装的 Sdkfz 250/11 也发挥着类似作用，这款轻型半履带装甲运兵车的上部结构前端安装有 41 式 28 毫米锥膛重型反坦克步枪。这种反坦克步枪可发射 42 式钨芯穿甲弹，其枪口初速高达 1402 米／秒，射程达 500 米，能穿透 66 毫米的垂直装甲板。

Sdkfz 250 轻型半履带装甲运兵车的另一些子型号是为战术战场的特定任务设计的，如 Sdkfz 250/3 轻型装甲通信车就是一款装有无线电台的指挥车。通过上部结构独特的框架式天线，我们可以把这款指挥车与其姊妹车型区分开来。这种车辆通常由高级指挥官使用，1942 年北非战局期间，指挥非洲军的埃尔温·隆美尔将军就曾以 Sdkfz 250/3 轻型装甲通信车作为他的指挥用车。

德国后来生产的 Sdkfz 250/3 轻型装甲通信车，在车顶安装有垂直的杆状天线和小型星形天线，而不是笨重的水平框架式天线。我们没介绍的另外六个 Sdkfz 250 轻型半履带装甲运兵车的子型号，要么是观察车、弹药运送车，要么就是战地电话布设车。

Sdkfz 250/10 轻型半履带装甲运兵车——这张左侧视图充分说明了 37 毫米 Pak 35/36 反坦克炮和三侧防盾是如何安装在车辆上部结构前端的。图片中的这辆战车喷涂了冬季伪装色。

型号：Sdkfz 250/10 轻型半履带装甲运兵车

乘员：4 人

生产年份：1941—1945 年

战斗全重：6.3 吨

尺寸：长 4.56 米，宽 1.95 米，高 1.97 米

发动机：迈巴赫 HL42TRKM 六缸发动机，最大功率 74 千瓦

最大速度：60 千米 / 小时

最大行程：320 千米

武器：1 门 37 毫米 Pak 35/36 反坦克炮

装甲：5.5—14.5 毫米

Sdkfz 250 轻型半履带装甲运兵车的产量	
年份	产量
1940—1941 年	1030 辆
1942 年	1337 辆
1943 年	2895 辆
1944 年	1701 辆
1945 年	269 辆

装甲牵引车和卡车

我们接下来要介绍装甲后勤车辆的最后一个类别，二战期间，它们为德国前线兵团充分发挥战斗力做出了重要的贡献。它们就是用于拖曳和运送人员、武器、装备与物资的轮式、半履带式、全履带式车辆。这个类别包括半履带、全履带装甲牵

引车和轮式卡车。本节要阐述的是劳苦功高却经常被忽视的装甲后勤车辆中最重要的六款，包括两款半履带装甲牵引车，一款全履带装甲牵引车，三款轮式卡车。

Sdkfz 7 中型牵引车

1934 年，慕尼黑的克劳斯 - 玛菲公司设计了 Sdkfz 7 中型牵引车，还少量制造了几个试验车型，但直到 1939 年才开始批量生产最终确定的车型。标准型 Sdkfz 7 中型牵引车重 9.2 吨，以最大输出功率为 104 千瓦的迈巴赫六缸发动机驱动，其最大公路速度为 50 千米 / 小时。这款牵引车的有效载荷为 8 吨，足以牵引 150 毫米 sFH 18 中型榴弹炮或各种 88 毫米高射炮。

Sdkfz 7 中型牵引车——与 Sdkfz 250 轻型半履带装甲运兵车类似，Sdkfz 7 中型牵引车也采用了后置半履带设计。

型号：Sdkfz 7 中型牵引车

乘员：11 人
生产年份：1938—1944 年
战斗全重：9.2 吨
尺寸：长 6.85 米，宽 2.35 米，高 2.62 米
发动机：迈巴赫 HL54 发动机，最大功率 104 千瓦
最大速度：50 千米 / 小时
最大行程：250 千米

战争期间，德国人以这款牵引车为原型研发了几个子型号，这些车辆大多配备全封闭装甲驾驶室。其中 Sdkfz 7/1 在后车厢安装有 Flakvierling 38 式 20 毫米四联装高射炮——这款牵引车被配发给了装甲掷弹兵团的防空连，以应对盟军低空飞行的飞机。

而 Sdkfz 7/2，则把 37 毫米 Flak 36、Flak 37 或 Flak 43 高射炮直接安装在后车厢的地板上。1939—1945 年，德国人共生产了 12187 辆各种型号的 Sdkfz 7 中型牵引车。

欧宝闪电 3.6-36 中型卡车

欧宝闪电 3.6-36 中型卡车是德国军队于 1939—1945 年年间用得最多的牵引车。这款卡车的底盘的前部装有单轮轴，后部以宽大的挡泥板覆盖住轮轴。该车的底盘上是一台前置发动机、带有窗户的金属驾驶室，以及大型木制的配有低矮木制围栏的平板式后车厢。许多欧宝闪电 3.6-36 中型卡车还以帆布篷遮盖后车厢。

欧宝闪电 3000S——图中这辆欧宝闪电 3.6-36A 中型卡车，被敷衍了事地伪装了自然植被，其后车厢架起了帆布顶棚。这张图片巧妙地展示出了车辆的加高悬挂。

型号：欧宝闪电 3000S 中型卡车（欧宝闪电 3.6-36A）

乘员：1 人
生产年份：1930—1945 年
战斗全重：3.29 吨
尺寸：长 6.02 米，宽 2.27 米，高 2.18 米
发动机：欧宝六缸汽油发动机，最大功率 55 千瓦
最大速度：80 千米 / 小时
最大行程：410 千米

标准型欧宝闪电 3.6-36 中型卡车重 2.7 吨，以最大输出功率为 48 千瓦或 56 千瓦的欧宝六缸发动机驱动。这款卡车可搭载 12 人，也可以拖曳一门轻型榴弹炮或反坦克炮。欧宝闪电 3.6-36A 是四轮驱动型，能够翻越崎岖不平的地带。标准

型欧宝闪电 3.6–36 和欧宝闪电 3.6-36A 型另外六个主要的子型号：战地救护车、通信车、消防车、两款油罐车、一款救援车。还有一个子型号是加长了的欧宝闪电 3.6–47 中型卡车。这些车辆中被德军投入战场的一部分，要么装有一挺 7.92 毫米 MG–34 机枪，要么搭载一门 20 毫米高射炮。德国人在各战区都曾大量使用过欧宝闪电系列车型，事实证明，这一系列的卡车的机械性能相当可靠，即便在苛刻的条件下也是如此（例如在北非和东线）。

牵引车的拖曳有效载荷					
车型	Sdkfz 6	Sdkfz 7	RSO	欧宝闪电 3.6-36A	梅赛德斯 - 奔驰 L3000	克虏伯
负载载荷	1.5 吨	1.8 吨	1.5 吨	3 吨	2.65 吨	1.1 吨
拖曳载荷	5 吨	8 吨	2 吨	4 吨	3 吨	2 吨

欧宝闪电 3.6-36 中型卡车的另一款类似车型是欧宝"骡子"。这款牵引车是将欧宝闪电 3.6-36A 的底盘前部与已过时的一号坦克使用的履带相结合后组成一部半履带牵引车，可应对东线严酷的环境。1937—1944 年，德国生产的欧宝闪电 3.6-36A 卡车的数量超过 82300 辆。

梅赛德斯 – 奔驰 L3000 中型卡车

梅赛德斯 - 奔驰 L3000 中型卡车，是二战期间德国军队用得相当多的一款车辆。这款卡车主要有三个子型号——L3000、L3000A、L3000S。1938—1943 年，德国的几家工厂总共生产了 27700 辆梅赛德斯 - 奔驰 L3000 中型卡车。

基本型的梅赛德斯 - 奔驰 L3000 中型卡车的底盘配有两根轮轴，其中一根位于前端（位于后端的一根是驱动轴）。这辆卡车的底盘上安装有前置驾驶室，以及平板式后车厢（后车厢设有低矮的围栏）。

标准型的梅赛德斯 - 奔驰 L3000 中型卡车重 3.85 吨，以最大输出功率为 55 千瓦的戴姆勒 - 奔驰 OM 65/4 四缸柴油发动机驱动，其最大速度为 64 千米 / 小时。在 1938—1939 年年间生产的基本型梅赛德斯 - 奔驰 L3000 中型卡车的有效载荷为 2.65 吨。

梅赛德斯 - 奔驰 L3000S 是车身被稍稍缩窄的后驱型，使用的也是戴姆勒 - 奔驰 OM 65/4 四缸柴油发动机驱动，但其最大输出功率被提高到了 56 千瓦。于 1940—1942 年年间生产的这款卡车重 3.69 吨，最大公路速度为 69 千米 / 小时。该系列卡

车的最后一个子型号是于 1940—1943 年年间生产的四驱型梅赛德斯 - 奔驰 L3000A
（车重 4 吨，搭载和梅赛德斯 - 奔驰 L3000S 一样的发动机）。

　　德国军队曾在各战区使用梅赛德斯 - 奔驰 L3000 卡车运送士兵、装备、物资。
北非战局期间，他们在开阔地大量使用这款卡车。但驾驶员发现，东线的作战条件
极为严酷，那里的地面非常粗糙，不是被太阳晒得坚硬无比，就是布满又深又厚的
泥浆，梅赛德斯 - 奔驰 L3000 卡车需要面临的挑战相当艰巨，因此这款卡车在那里
很难保持战术机动性。

梅赛德斯 – 奔驰 L3000——这款卡车的后车厢安装有加高的围栏，用于载运装备和物资。

型号：梅赛德斯 - 奔驰 L3000 中型卡车

乘员：1 人
生产年份：1938—1943 年
战斗全重：3.85 吨
尺寸：长 6.25 米，宽 2.35 米，高 2.6 米
发动机：戴姆勒 - 奔驰 OM 65/4 四缸柴油发动机，最大功率 55 千瓦
最大速度：64 千米 / 小时
最大行程：410 千米

克虏伯 Protze（火炮前车）L2-H 43 和 H 143 中型卡车

　　克虏伯 Protze L2-H 43 和 H 143 中型卡车是六轮牵引车，带有一根前轴和两
根后轴，其前轮采用半椭圆形钢板弹簧悬挂，而独立的后轮则使用水平螺旋弹簧
悬挂。位置较低的敞开式驾驶室位于前轮和发动机后方，后轮上方装有带低矮车
厢围栏的木制平板式后车厢。于 1933—1936 年年间生产的标准型克虏伯 Protze

L2-H 43 中型卡车重 2.6 吨，搭载了最大输出功率为 40 千瓦或 45 千瓦的克虏伯 M-304 六缸汽油发动机。1937—1941 年，德国人着重生产克虏伯 Protze H 143 中型卡车，他们稍稍改变了这款卡车的车轮位置，并使用了改进的阿丰变速箱。

　　除了标准型之外，德国人还生产了克虏伯 Protze H 143 中型卡车的七个子型号，其中包括：Kfz.70，其平板后车厢两侧安装有座位，可运送 12 人；Kfz.19 电话通信车；Kfz.68 天线杆运送车；Kfz.81 弹药运送车；Kfz.83 探照灯发电机车；Kfz.21 指挥车。1934—1941 年，德国共生产了 7000 多辆克虏伯 Protze L2-H 43 和 H 143 中型卡车。

克虏伯 Protze L2-H 43 中型卡车——图中这辆卡车的驾驶室侧面带有一只备用车轮，由于驾驶室呈敞开状，因此既无法遮风挡雨，也无法抵御敌人的火力。

型号：克虏伯 Protze L2-H 43 中型卡车

乘员：1 人，后车厢可载 5 人
生产年份：1937—1941 年
战斗全重：2.6 吨
尺寸：长 5.1 米，宽 1.93 米，高 1.96 米
发动机：克虏伯 M-304 六缸汽油发动机，最大功率 45 千瓦
最大速度：70 千米/小时
最大行程：410 千米

意大利前线的 37 毫米高射炮——在 1943—1944 年的意大利战局中，被安装在半履带平板式牵引车上的一门 37 毫米高射炮。该平板车可能是一辆 Sdkfz 7/2，高射炮配备的大型防盾为炮组成员提供了防护，几名士兵站在牵引车旁边。注意炮管消焰器上的小孔。

第二章

迫击炮、野战火炮、火箭炮

除了直瞄火力（主要由坦克、反坦克炮、高射炮和步兵炮提供），德国军队在战争期间的进攻或防御的成功，在很大程度上也要归功于间接火力的致命性。德国人在二战中使用了三种主要武器：迫击炮、野战火炮和火箭炮。

迫击炮是火力和机动性的"结合体"，能在较短距离内提供间接火力。野战火炮（轻型、中型、重型加农炮或野战榴弹炮）能以更大的射程发挥中远距离的杀伤效用。火箭炮发射后，可靠自身旋转而稳定地飞向中短距离上的目标。我们会在本章详细介绍这些兵器中最重要的几款。

迫击炮

这种兵器是高仰角的、发射靠尾翼稳定的炮弹的曲射滑膛火炮。

50 毫米 leGW 36 式轻型迫击炮

36 式 50 毫米轻型迫击炮（leGW 36）是德国人研发的此类武器中的第二款，于 1936 年列装时，适逢德国军队进行大规模扩充。leGW 36 可发射 0.9 千克重的小型炮弹，最大射程只有 510 米，而且发射小型炮弹，也意味着其杀伤力有限。尽管存在这些缺点，但 leGW 36 依然是德军步兵连的制式武器——于 1939 年 9 月的波兰战局和 1940 年 5

月的西方战局期间被大批量列装。不过，德国人于1941年年初决定停产leGW 36。陆军总司令部认为，继续生产这款武器纯属浪费有限的资源，因为leGW 36式迫击炮在工艺复杂且造价昂贵的前提下，射程有限还杀伤力一般。

36式50毫米轻型迫击炮——由两名士兵组成的迫击炮组正在操作36式50毫米轻型迫击炮。在射手调整好了迫击炮的射角后，装填手从旁边的弹药箱里取出一发炮弹，将之滑入迫击炮身管里。

型号：36式50毫米轻型迫击炮

组员：2人
生产年份：1936—1945年
战斗全重：14千克
身管长度：46.5厘米
射程：最小50米，最大510米
射速：15—25发／分钟
炮弹：0.9千克TNT装药

1942 年年间，leGW 36 逐渐完成了从德军前线部队的撤装。但德国陆军和武装党卫队的受训部队，或后方占领区部队，则继续以这款武器配备排、连级分队，这种情况一直持续到战争结束。例如 1944 年中期，党卫队尼德兰陆地风暴保安团的九个步兵连都各编有一个迫击炮排，并配备了三门 leGW 36 式迫击炮，1944 年 9 月中旬，他们在阿纳姆周围以这款武器遂行了激烈的防御作战。

80 毫米 leGW 34 式中型迫击炮

34 式 80 毫米中型迫击炮（GrW 34）是德国人研发的第一款此类武器，于 1934 年后期在部队中列装。这款武器的研发工作可追溯到 1923 年。虽然从型号名来看，这款迫击炮的口径为 80 毫米，但其实际口径却是 81.4 毫米。它可发射正常尺寸的炮弹，其战斗部重 3.4 千克，最大射程为 2400 米。

库尔斯克战役中，携带 34 式 80 毫米中型迫击炮的党卫队士兵——在 1943 年 7 月于库尔斯克进行的"堡垒"作战期间，一个党卫队 34 式 80 毫米迫击炮组临时隐蔽在微微下陷的土路上。如果有悉心准备的迫击炮发射阵地，炮组人员和武器肯定能得到更好的防护。

这款迫击炮的尺寸很大，其身管长 1.14 米（战斗全重为 62 千克）。34 式 80 毫米中型迫击炮非常结实，可完全适应严酷的战斗环境，是一款性能可靠的武器。由于配备了带分划盘的 RA-35 式瞄准具，这款精确度颇佳的迫击炮很快就赢得了良好的声誉。整个二战期间，34 式 80 毫米中型迫击炮始终是德国步兵的制式武器之一，被大量用于德国军队遂行的每一场战役。这款迫击炮通常由三人炮组操作。

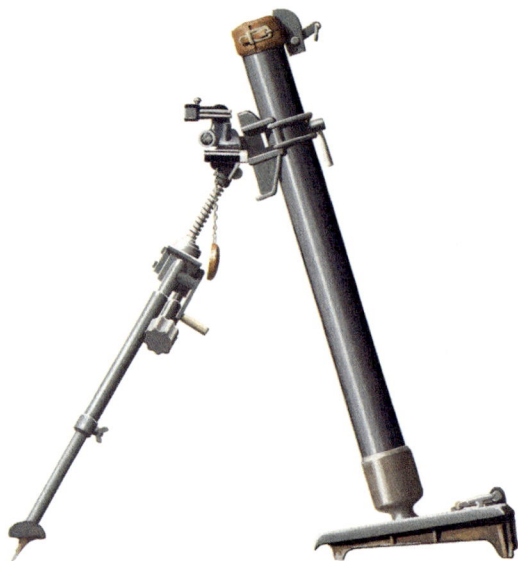

34 式 80 毫米中型迫击炮——这是一门 34 式 80 毫米中型迫击炮的侧视图，图中的迫击炮带有两脚架、身管、底钣，位于两脚架顶部的是迫击炮的方向机和高低机。

型号：34 式 80 毫米中型迫击炮

组员：2 人[①]
生产年份：1936—1945 年
战斗全重：62 千克
身管长度：1.14 米
射程：最小 400 米，最大 1200 米[②]
射速：15—25 发 / 分钟
炮弹质量：3.5 千克

---

① 译者注：原文如此。
② 译者注：原文如此。

20 世纪 30 年代后期，德国人研发了稍事改进的 34/1 式 80 毫米迫击炮，打算把这款迫击炮用于半履带车、牵引车这些装甲车辆。另外，德国人在 1940—1941 年年间还研发了 34 式 80 毫米迫击炮的 kurz 型，也就是标准款中型迫击炮的短身管版，这款迫击炮的身管长度只有 75 厘米，其战斗全重为 30 千克，主要被列装伞兵部队，随着战争的持续，它也替代了被逐步淘汰的 36 式 50 毫米轻型迫击炮。

120 毫米 GrW 42 式重型迫击炮

在德国军队所列装的迫击炮中，口径最大的是 42 式 120 毫米重型迫击炮。为应对先前在战斗中遭遇的红军装备的效用不凡的 122 毫米 PM-38 团属重型迫击炮，德国人于 1942—1943 年年间研发了这款武器。可实际上，这款武器的设计几乎照搬了红军的 122 毫米 PM-38 团属重型迫击炮。42 式 120 毫米重型迫击炮的战斗部重 15.8 千克，最大射程为 6050 米。相比同期各款迫击炮，42 式 120 毫米重型迫击炮在杀伤力和射程方面的表现的确令人印象深刻。这款迫击炮的造价昂贵，因此被生产且列装的数量较少，有幸获得它的德国士兵，普遍对它强大的杀伤力赞不绝口。需要移动迫击炮时，德国士兵只需要把它迅速连接上两轮炮架，再以车辆进行拖曳即可。

由于产量有限，42 式 120 毫米重型迫击炮只能被列装德军少量精锐部队。例如，德国人于 1944 年 8 月提出了一个方案，打算以 42 式 120 毫米重型迫击炮替换中型迫击炮，来装备精锐装甲掷弹兵和步兵团的重武器连。不过，由于 42 式 120 毫米重型迫击炮的产量不够，这份方案难以被贯彻执行。党卫队第 9 "霍恩施陶芬" 装甲师是一个例外，因为该师于 1944 年夏季收到了 23 门 42 式 120 毫米重型迫击炮。这款迫击炮还被大量配备给军级或集团军级指挥部所掌握的独立部队。另一些例子表明，这款迫击炮也被配发给了精锐装甲掷弹兵团的团属炮兵连，替换了 150 毫米 SiG 33 式步兵炮。

各款迫击炮对比			
型号	36 式 50 毫米迫击炮	34 式 80 毫米迫击炮	42 式 120 毫米迫击炮
身管寿命	25000 发	20000 发	3000 发
炮口初速	174 米 / 秒	223 米 / 秒	283 米 / 秒

42式120毫米重型迫击炮——照片中的是在东线某处操练42式120毫米重型迫击炮的德军炮组。这款迫击炮的设计初衷是为德国步兵部队提供更强力和更近距离的火力支援。

型号：42式120毫米重型迫击炮

组员：2人[①]

生产年份：1942—1945年

战斗全重：280千克

身管长度：1.8米

最大射程：6050米

射速：8—10发/分钟

炮弹质量：15.8千克

---

① 译者注：原文如此。

野战火炮

野战火炮可能是二战期间德国人投射间接火力最重要的兵器类型。

75 毫米 leFK 18 式轻型野战炮

战争的最后一年，德国陆军重新使用了于 20 世纪 30 年代初期列装的 75 毫米轻型野战炮，而他们当时装备的此类武器是更大口径的 105 毫米火炮。1930—1931 年，德国人把克虏伯公司设计的炮架和莱茵金属 - 博尔西格公司设计的炮身相结合，创造出了 18 式 75 毫米轻型野战炮（75 毫米 leFK 18 式轻型野战炮）。与德国大多数火炮一样，18 式 75 毫米轻型野战炮能以马匹或机动车辆进行拖曳。

1939—1945 年的整个战争期间，这款火炮虽然一直没有停产，但其产量却十分有限。不过，由于 18 式 75 毫米轻型野战炮造价低廉又易于生产，因此在 1944—1945 年年间获得了更多制造资源。战争的最后几个月，这款野战炮越来越多地替代了德国步兵师和党卫队掷弹兵师的团属炮兵连的步兵炮。18 式 75 毫米轻型野战炮重 1120 千克，其炮弹重 5.8 千克，最大射程为 9425 米。

覆盖伪装网的 18 式 75 毫米轻型野战炮——这门轻型野战炮被部署在树木旁的露天阵地内，覆盖在枝叶上的伪装网部分遮掩了火炮。

德国人在战争后期还得出结论：列装既能充当反坦克炮，又可以作为轻型野战炮使用的两用 75 毫米火炮不失为明智之举。因此，在 1944 年 /1945 年冬季，他们给相关部队配发了临时性的 75 毫米的 7M58（德国人把 Pak 40 反坦克炮的炮身安装在了 leFH 18/40 式榴弹炮炮架的底盘上）和 7M59 两用野战炮（野战炮兼反坦克炮）。

相比之下，7M59 基本上是稍稍改进的 75 毫米 40 式反坦克炮，它被增添了射击仰角调整功能，因而能被作为临时性火炮使用。因德国战时经济崩溃，这两款火炮的产量一直不高，即使在战争最后几个月也很少出现在战场上。

K 18 和 K 18/40 式 100 毫米重型加农炮

德军的另一种较为少见的火炮是 100 毫米重型加农炮，这款重型加农炮有两个型号：K 18 式 100 毫米重型加农炮和 K 18/40 式 100 毫米重型加农炮。由莱茵金属 - 博尔西格公司和克虏伯公司于 1926—1929 年年间研发的 K 18 式 100 毫米重型加农炮，于 1933 年列装入役。在战场上，K 18 式 100 毫米重型加农炮通常会被安装在标准型的开脚式大架的两轮炮架上——以马匹拖曳的两轮炮架配有铝制炮轮，而以汽车牵引的两轮炮架则配有实心橡胶轮胎。这款长身管（L/52）重型加农炮在后来得到了改进，可充当远程武器和拦阻武器，其最大射程远达 19015 米。

由于 K 18 式 100 毫米重型加农炮是一款专用火炮，因此位于柏林施潘道的施普雷公司于 1933—1943 年年间所生产的数量很有限，这款火炮于 1941 年 6 月列装数量到达顶峰时也只有 762 门，随后其数量就开始不断下降。配备四门这款火炮的摩托化炮兵连，通常隶属德国陆军和党卫队的精锐装甲掷弹兵师。后来，德国人逐渐把这款重型火炮运到西北欧海岸，交给据守大西洋壁垒的诸多海岸炮兵连，用于炮台防御。

改进型 K 18/40 式 100 毫米重型加农炮是莱茵金属 - 博尔西格公司和克虏伯公司于 1937—1941 年年间研发的。这次，他们把身管更长（L/60）的 100 毫米 K 40 式火炮，与 K 18 式 100 毫米重型加农炮现有炮架的改进型相结合。K 18/40 式 100 毫米重型加农炮的炮口初速为 905 米 / 秒，比 K 18 式 100 毫米重型加农炮高 8%。这样一来，K40 式 100 毫米重型加农炮就拥有了更远的射程（达到了 21150 米）——射程比 K 18 式 100 毫米重型加农炮远了 11%。不过，K 18/40 式 100 毫米重型加农炮的产量比 K 18 式 100 毫米重型加农炮还要少。

18 式 105 毫米轻型野战榴弹炮

20 世纪 20 年代后期，莱茵金属 - 博尔西格公司着手研发 18 式 105 毫米轻型野战榴弹炮。他们在 1933 年时制造了首批样炮，并在 1935 年时将其列装至相关部队。18 式 105 毫米轻型野战榴弹炮重 1985 千克，其炮弹重 14.8 千克。这款火炮的炮口初速为 470 米 / 秒，最大射程为 10675 米。

1939 年 9 月，德国在入侵波兰期间投入了大约 5200 门 18 式 105 毫米轻型野战榴弹炮——主要用作师属制式轻型榴弹炮。整个二战期间，德国一直在持续生产 18 式 105 毫米轻型野战榴弹炮，并一直把它作为制式武器配发给大多数师属轻型炮兵连。

海岸防御——图中这门 18 式 105 毫米轻型野战榴弹炮被部署在露天炮位，此处靠近可俯瞰诺曼底阿罗芒什镇的峭壁边缘。这里的田园风光很快就会被另一幅充满现代工业战争怒火的画面所取代。

1939—1941 年，德国在波兰、西方、北非和东线的战斗经历表明，虽然 18 式 105 毫米轻型野战榴弹炮的准确度高，性能也可靠，但其射程不及盟军的新式武器，且因重量太重而难以实施机动。为解决这些问题，德国人于 1942 年研发了这款火炮的改进型——leFH 18M。leFH 18M 装有炮口制退器和经重新设计的后坐系统，可适应威力更大的装药。因此，leFH 18M 的射程达到了 12325 米。

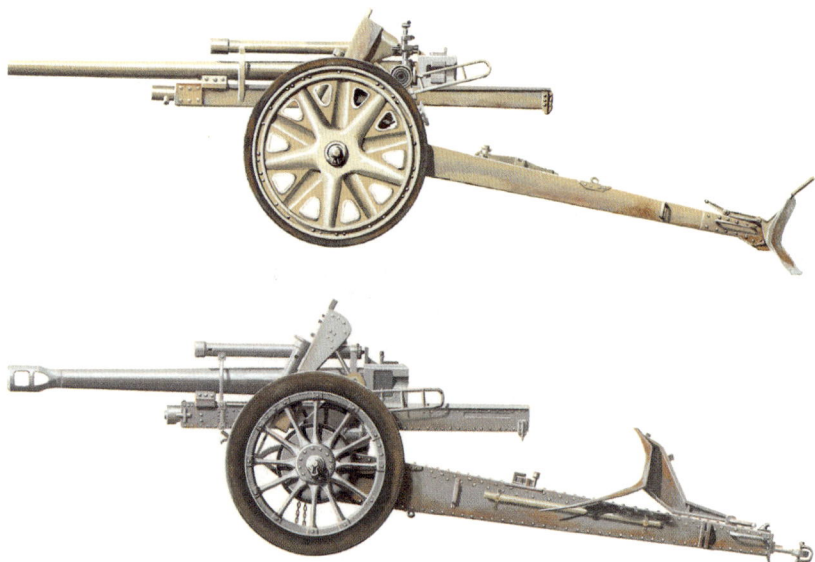

18 式 105 毫米轻型野战榴弹炮——leFH 18M（下图）是 18 式 105 毫米轻型野战榴弹炮（上图）的改进型。请注意 leFH 18M 的单挡板炮口制退器，以及经重新设计的复进机和缓冲装置。

型号：18 式 105 毫米轻型野战榴弹炮（leFH 18）

组员：6 人
生产年份：1935—1945 年
战斗全重：2 吨
长度：3.3 米
口径：105 毫米
炮口初速：470 米 / 秒（穿甲弹）
最大射程：10675 米（高爆弹）
弹种：穿甲弹，高爆弹

自行式 18 式 105 毫米轻型野战榴弹炮——由于黄蜂自行火炮和熊蜂自行火炮的数量不足，德国人一直需要一款新型的自行火炮。图中是一门安装在法国霍奇基斯 H39 底盘上的 18 式 105 毫米轻型野战榴弹炮。德国第 21 装甲师非常擅长此类改装工作。

型号：自行式 18 式 105 毫米轻型野战榴弹炮

组员：4 人

生产年份：1944 年

战斗全重：13.8 吨

长度：4.7 米

口径：105 毫米

炮口初速：540 秒 / 秒（穿甲弹）

最大射程：12325 米（高爆弹）

弹种：穿甲弹，高爆弹

相关战斗经历很快证明：leFH 18M 也太重了，同样很难实施机动。因此，德国人于 1942 年临时研发了质量较轻的变款，把榴弹炮身管安装在了 75 毫米 Pak 40 反坦克炮的炮架上——leFH 18/40 便应运而生了。但这种权宜之计只是稍稍减轻了这款榴弹炮的重量而已，其在机动性方面的改善依然很有限。

105 毫米 43 式轻型野战榴弹炮

1943 年，德国陆军发布了一份堪称苛刻的报告，他们需要一款新式轻型野战榴弹炮，要求其射程要超过久经考验的 18 式 105 毫米轻型野战榴弹炮，并具备更好的机动性。只有两家德国公司（克虏伯公司和斯柯达公司）准备接受这一挑战。结果，克虏伯公司更加传统的原型炮输给了斯柯达公司的新颖设计，斯柯达公司推出的这款火炮也就是后来的 105 毫米 43 式轻型野战榴弹炮（leFH 43）。这款火炮的重量超过了 18 式 105 毫米轻型野战榴弹炮，达到了 2200 千克。不过，leFH 43 拥有更高的炮口初速（610 米 / 秒），最大射程为 15047 米。斯柯达公司想出了一个巧妙的办法，以解决如何让这门更重的火炮变得更加灵活的难题。他们没有使用两轮开脚式大架的标准型炮架，而是把火炮装在了四根支撑架上（运输期间，其中两根支撑架会被折叠在火炮身管下）。这种设计不仅减轻了火炮的战斗全重，还能让其进行 360 度旋转。但在 1944—1945 年，盟军反复空袭德国的工厂、铁路线、重点工业（例如煤炭、钢铁、石化企业）区域，严重妨碍了 leFH 43 的生产。结果，到战争最后几周，德军都只列装了少量 leFH 43。尽管 leFH 43 的性能优异，但也没能为德国最后的殊死抵抗提供多少帮助。

标准型 18 式 150 毫米重型野战榴弹炮

1926—1930 年，针对陆军后续制式的中型野战榴弹炮的招标要求，相互竞争的克虏伯公司和莱茵金属 - 博尔西格公司推出了各自设计的原型炮。

标准型 18 式 150 毫米重型野战榴弹炮——与后期生产的 18M 型不同，标准型 18 式 150 毫米重型野战榴弹炮没有炮口制退器。我们可通过身管上方的大型复进机来识别这款火炮。

型号：标准型 18 式 150 毫米重型野战榴弹炮（sFH 18）

组员：7 人
生产年份：1933—1945 年
战斗全重：5512 千克
长度：4.4 米
口径：150 毫米
炮口初速：520 米 / 秒
射速：4 发 / 分钟
最大射程：13 千米
弹种：高爆弹，烟幕弹

1933 年，德国人结合了两家公司的设计元素，将克虏伯公司的火炮安装在莱茵金属 - 博尔西格公司设计的炮架上——18 式 150 毫米重型野战榴弹炮（sFH 18）就此诞生了。尽管该炮被命名为"重型野战榴弹炮"，但从技术上说，它仍是一门中型火炮。1933 年后期，德国人着手生产这款火炮，并于 1934 年开始列装部队。整个二战期间，这款火炮一直是德军中最主要的中型野战榴弹炮，被大量用于各种战斗场景。

18 式 150 毫米重型野战榴弹炮采用传统设计，配备了开脚式大架的标准型炮架，重 5512 千克（其炮弹重 43.5 千克），最大射程为 13250 米——对于这种口径的火炮而言，这些数据并不能让人感到"惊艳"。大多数 18 式 150 毫米重型野战榴弹炮都以马匹拖曳，用这种方式机动时，其主炮架和后支撑架可以分开运输。

一些摩托化炮兵连也列装了 18 式 150 毫米重型野战榴弹炮。他们通常会给这款火炮的四个炮轮装上实心橡胶胎，以此来整体送走火炮。1942 年，德国人推出了 sFH 18M。这款火炮所发射的炮弹的装药更多（德国人采用了可更换的内腔衬套，以解决因增加炮弹装药而出现的身管被加速侵蚀的问题），从而拥有更大射程。另外，德国人还为该火炮安装了炮口制退器，以减轻发射时炮架所承受的压力。

几款野战炮的身管长度对比						
型号	105 毫米 leFH 18	105 毫米 leFH 43	150 毫米 sFH 18	170 毫米 K 18 in Mrs.Laf	75 毫米 FK 18	100 毫米 FK 18	100 毫米 FK 18/40
身管长度（倍径）	L/28	L/28	L/29.5	L/50	L/26	L/52	L/60

18 式 170 毫米加农炮

德国陆军的重型火炮，通常会被列装由军级和集团军级部队掌握的独立重型炮兵连，其口径一般为 170 毫米或更大尺寸。二战期间，德军最常见的重型火炮是被安装在臼炮炮架上的 18 式 170 毫米加农炮（K 18 Mrs.Laf）。这款实际口径为 172.5 毫米的长身管（L/50）远程火炮，其设计初衷是用于执行反炮兵连任务，也就是摧毁敌人的火炮。这种火炮被安装在臼炮炮架上，以此来实现身管的超高仰角。设计先进的炮架采用了复杂的双后坐力装置，除了身管可后坐之外，整个平台也能沿炮架轨道后坐。这套装置能让一名士兵把战斗全重为 17510 千克的火炮迅速转动 360 度，这一点可谓是相当惊人。1941 年，这种重型火炮在汉诺威的哈诺马格公司被有限量产，但它一直都不是常规火炮。事实证明，这是战争期间德国最优秀的重型火炮，它能把 68 千克重的高爆弹投射到 28 千米外。德国国防军独立摩托化部队曾列装这款火炮——运输时，他们会把火炮分拆成两部分。约有八个德国国防军重型炮兵营曾列装了 18 式 170 毫米加农炮。此外，有武装党卫队的一支独立部队，即党卫队第 101 重型炮兵营（隶属精锐的党卫队第 1 装甲军）也曾获得过这款火炮，其辖内的两个连各配备了四门 18 式 170 毫米加农炮。

210 毫米 Mrs.18 式重型榴弹炮——除了实际口径为 172.5 毫米的 18 式 170 毫米加农炮之外，德国陆军还列装了 210 毫米 Mrs.18 式重型榴弹炮。我们能在图中清晰地看到硕大的、灰色的矩形炮闩装置。

型号：210 毫米 Mrs.18 式重型榴弹炮

组员：10 人
生产年份：1939—1945 年
战斗全重：16.7 吨
长度：6.51 米
口径：210.9 毫米
炮口初速：565 米 / 秒
射速：4 发 / 分钟
最大射程：16700 米
弹种：重 68 千克的高爆弹

火箭炮

1919 年的《凡尔赛和约》禁止德国研发重型火炮，但不限制他们发展火箭——因为欧洲国家没有大量列装这种兵器。协约国的疏忽促使德国陆军在两次世界大战之间有理由大力开发火箭炮。

41 式 150 毫米火箭炮

为遮人耳目，德国人打着"烟幕发射器"（Nebelwerfer）的名义，秘密研发了首批颇具效用的现代火箭炮。德国陆军于 1940 年列装了 41 式 150 毫米火箭炮（NbW

41）。德国人把六根 158 毫米发射管固定在一起，让其构成一个圆圈后再装在两根枢轴上，最后以 37 毫米 Pak 35/36 式反坦克炮的稍事改进的炮架来承载。这种火箭炮发射的 150 毫米火箭弹靠旋转稳定，火箭弹装有高爆或烟幕弹头。

带六发火箭弹的 41 式 150 毫米火箭炮的战斗全重为 770 千克。这款武器的最大射程为 6900 米，可在 10 秒内发射六发 41 式高爆火箭弹。发射完成后，两名组员必须手动装填新的火箭弹，因此该火箭炮每发射一轮至少需要 100 秒的装填时间。

这款火箭炮的产量不高，很少在战场上出现。从 1941 年起，德国人把新生产的火箭炮配发给精锐火箭炮部队——先是装备各独立火箭炮营，随后列装火箭炮团和火箭炮旅。由于德军炮兵通常难以提供充足的间接火力支援，因而火箭炮成了宝贵的替代武器。最重要的是，火箭炮的机动性很强，完全能使用"打完就跑"的战术。面对盟军精准的反炮兵连炮火，或"战术空军出动的毁灭性架次"，火箭炮的机动性对避免高昂的损失而言至关重要。随着战争的持续进行，德国人越来越依赖他们的火箭炮，这种武器的生存能力远远超过了机动性欠佳、容易被敌人发现的常规火炮。

42 式 150 毫米自行火箭炮（Sdkfz 4/1）——德国人把 10 根 41 式 150 毫米火箭发射管（分成两排，每排五根），装在了 Sdkfz 4/1 半履带车（这种车辆的名称是"骡子"）后端顶部。

型号：42 式 150 毫米自行火箭炮（Sdkfz 4/1）

乘员：3 人
生产年份：1941—1945 年
战斗全重：7.8 吨
尺寸：长 6 米，宽 2.2 米，高 2.5 米
发动机：欧宝 3.7 升六缸发动机
武器：41 式 150 毫米火箭炮
口径：158 毫米
最大射程：6.9 千米

42式210毫米火箭炮

1942年年末，德军列装了更重型的42式210毫米火箭炮（NbW 42）。装满火箭弹后，这款武器重达1100千克。42式210毫米火箭炮仅安装了五根发射管，在使用每发重113千克的210毫米火箭弹时，该火箭炮的最大射程达7850米。42式210毫米火箭炮能在8秒钟内完成一轮齐射，与口径较小的41式150毫米火箭炮相同，前者也必须靠炮组人员手动装填火箭弹。因此，这款武器在5分钟内只能发射三轮。发射时，炮组人员需要退到后方——在拉动电击发线缆的同时，避开后喷的气体。

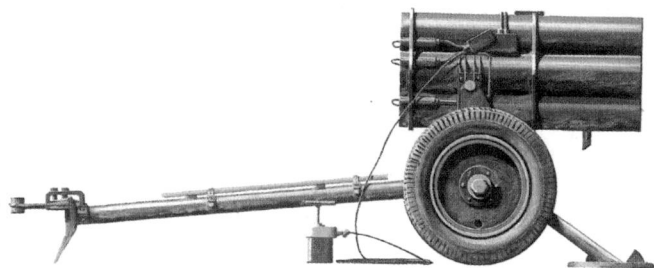

42式210毫米火箭炮——这幅图表明了这款武器是多么简单，它的五根发射管被固定在了小小的垂直底座上，而整个发射器又被安装在简单的开脚式炮架上。

型号：42式210毫米火箭炮

组员：3人
生产年份：1941—1945年
战斗全重：1100千克
长度：1.25米
口径：210毫米
炮口初速：320米/秒
最大射程：7850米
弹种：高爆弹

42式210毫米火箭炮，可以说是41式150毫米火箭炮的扩大型。此外，这两款火箭炮还采用了相同的炮架。为尽快投产，42式210毫米火箭炮的设计比较传统。与41式150毫米火箭炮不同，42式210毫米火箭炮只能发射高爆弹。与口径较小的41式150毫米火箭炮一样，42式210毫米火箭炮的射击精度也很高，这一点要

归功于德国人在两次世界大战之间所进行的巧妙的研发工作。一般来说，火箭弹的射击精度都不算高——因为其推进剂被安装在后端，这会使火箭弹在飞行过程中不够稳定。不过，德国人把推进剂装在了火箭弹前端，后喷的气体通过火箭弹尾端装在高爆装药周围的文丘里管排出。这样一来，靠旋转稳定的火箭弹就有了足够的精确度和射程。在战争后半段，德国人把这种武器用于各条战线。

41 式 280/320 毫米火箭炮

德国人在战争期间研发的第三款火箭炮，是 41 式 280/320 毫米火箭炮（NbW 41），其发射装置与另外两款火箭炮明显不同。

42 式 300 毫米火箭炮——有少量 41 式 280/320 毫米火箭炮在经改装后可发射新型 42 式 300 毫米火箭弹，这些经过改装的武器被德国人称为 42 式 300 毫米火箭炮。图中这门经过伪装的火箭炮被部署在东线某处的农田里。

41 式 280/320 毫米火箭炮是一种双口径武器，可发射靠尾翼稳定的 280 毫米和 320 毫米火箭弹。这种武器没使用圆形发射管，而是采用了"被装在两轮拖车顶部的金属盒状发射框"（共两排，每排三个发射框）。这种发射框可用于发射 320 毫米燃烧火箭弹。当炮组人员把内置导轨插入发射框后，这款火箭炮就可以发射 280 毫米高爆火箭弹了。这种设计让 41 式 280/320 毫米火箭炮比另外几款火箭炮更加灵活。德国人设计这款火箭炮，主要是为了反步兵（事实证明这款武器兼具杀伤性和震荡效应）。不过，这款火箭炮射出的火箭弹对敞篷或软顶车辆同样具有强大的杀伤力。

1942—1945 年的火箭炮产量			
年份	1942 年	1943 年	1944 年	1945 年 1—5 月
火箭炮产量	3864 门	1706 门	3767 门	460 门

各款火箭炮对比				
型号	发射管（框）	发射管（框）设计	炮口初速	列装
41 式 150 毫米火箭炮	6 根	管状	340 米 / 秒	1941—1945 年
42 式 210 毫米火箭炮	5 根	管状	320 米 / 秒	1942—1945 年
41 式 280/320 毫米火箭炮	6 个	框架	145 米 / 秒	1941—1945 年

被安装在 Sdkfz 251 半履带车上的 41 式 280/320 毫米火箭炮——德国人改装了少量 Sdkfz 251 半履带车，其车身每侧搭载了三具 "40 式发射框"。

型号：41 式 280/320 毫米火箭炮

组员：3 人
生产年份：1941—1945 年
战斗全重：1130 千克
长度：1.25 米
口径：280 毫米，320 毫米
炮口初速：145 米 / 秒
最大射程：1925 米
弹种：高爆弹

在德军某些火箭炮营里，其辖内四个连中的一个会配备六门 41 式 280/320 毫米火箭炮。因此，"在全营 144 根火箭弹发射管中，就有 36 根属于这款火箭炮"。但这些部队的战斗经历很快就暴露出了这种武器的主要缺陷。41 式 280/320 毫米火箭炮发射的火箭弹的炮口初速不高，射程也较短——发射 280 毫米火箭弹时只有 1925 米，发射 320 毫米火箭弹时的射程稍远些，可也只有 2200 米。这种射程仅仅是 42 式 210 毫米火箭炮的射程的三分之一。另外，41 式 280/320 毫米火箭炮发射的 Wurfkörper 火箭弹的精确度也比不上 150 毫米与 210 毫米火箭炮所发射的Wurfgranate 火箭弹。因此，41 式 280/320 毫米火箭炮的产量始终不高。

高射炮

为了在战斗中有效展开行动，各个德国师不得不以直射火力来应对由敌人的飞机、装甲战车和步兵构成的各种威胁。为应对敌人的对地攻击机的威胁，德军配备了各种直射型高射炮，例如著名的 88 毫米高射炮。此外，德军还把一系列直射型反坦克炮靠前部署，用来阻挡敌人的坦克和其他装甲战车的行动，例如颇具传奇色彩的 88 毫米 Pak 43 式反坦克炮。最后，除了迫击炮和火炮的间接火力，德国人还会用步兵炮来对付敌人的步兵。我们接下来要介绍这些武器中最重要的几款。

20 毫米 Flak 38 L/65 式轻型高射炮

30 年代后期，德国人研发了 20 毫米 Flak 38 L/65 式轻型高射炮，这是当时德军大批量列装的 20 毫米 Flak 30 式高射炮的改进型——前者解决了后者的两个主要问题：供弹问题和持续战术射速太低（只有 120 发 / 分钟）的问题。20 毫米 Flak 38 L/65 式轻型高射炮的持续战术射速令人满意，达到了 220 发 / 分钟。

20 毫米 Flak 38 L/65 式轻型高射炮是一款长身管高射炮，装有倾斜度良好的双角度防盾，它要么被安装在固定式发射平台，要么被安装在单轴轮式拖车上。20 毫米 Flak 38 L/65 式轻型高射炮于 1935—1944 年年间被大批量生产，从 1940 年开始替代 20 毫米 Flak 30 式高射炮成为德国陆军制式防空武器，但一直没能彻底淘汰后者。20 毫米 Flak 38 L/65 式轻型高射炮和 20 毫米 Flak 30 式高射炮的列装数量在 1944 年 3 月时到达顶峰，多达 19692 门，但到 1945 年 2 月时，列装数量又急剧下降到了 10531 门。

38(t)M 型自行高射炮——德国人把 20 毫米 Flak 38 L/65 式轻型高射炮安装在经过改装的 38(t) 坦克 M 型的底盘上，组装成了 38(t)M 型自行高射炮。1943—1944 年，德国生产了 142 辆这款战车。

型号：38(t) M 型自行高射炮（Sdkfz 140）

乘员：5 人

生产年份：1944—1945 年

战斗全重：9.8 吨

尺寸：长 4.61 米，宽 2.13 米，高 2.25 米

发动机：布拉格 AC 六缸汽油发动机，最大功率 185 千瓦

最大速度：42 千米 / 小时

武器：20 毫米 Flak 38 L/65 式轻型高射炮

口径：20 毫米

最大射程：2200 米

射速：120—180 发 / 分钟

38式20毫米四联装轻型高射炮

20世纪30年代后期，毛瑟公司为德国海军研发了38式20毫米四联装高射炮，也就是 Flak 38 式高射炮的四联装型。事实证明，这款高射炮的效用非凡，而毛瑟公司随后就接到了来自陆军和空军的订单。38式20毫米四联装高射炮的基座两侧各有一对20毫米高射炮，其实际射速达到了相当惊人的880发/分钟。低空飞行的敌机，一旦闯入这种高射炮制造的弹雨之中，那么被击落的可能性就非常大。另外，这款高射炮在被用于执行地面压制任务时也很有效。

德军列装的高射炮		
月份	20毫米 Flak 38 L/65 式轻型高射炮和20毫米 Flak 30 式高射炮	38式20毫米四联装高射炮
1943年1月	16985 门	1062 门
1944年1月	19001 门	2602 门
1945年1月	11999 门	3806 门

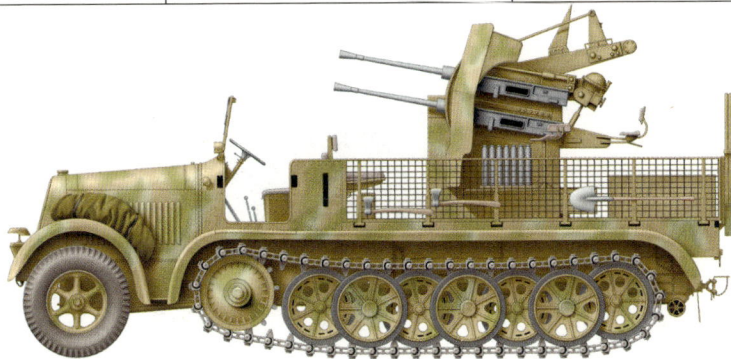

Sdkfz 7/1 式战车——德国人还曾把38式20毫米四联装高射炮安装在了几款车辆上，其中就包括8吨 Sdkfz 7 牵引车。

型号：搭载38式20毫米四联装高射炮的8吨牵引车（Sdkfz 7/1）

乘员：7人
生产年份：1934—1945年
战斗全重：1.16吨
尺寸：长6.55米，宽2.4米，高3.2米
发动机：迈巴赫 HL62TUK 六缸发动机，最大功率104千瓦
武器：38式20毫米四联装高射炮
最大射程：2200米
射速：280—450发/分钟

37 毫米 Flak 36 式和 Flak 37 L/57 式轻型高射炮

　　20 世纪 30 年代后期，德国人研发了 37 毫米 Flak 36 式轻型高射炮——这是德军现有的 37 毫米 Flak 18 式高射炮的改进型。与 20 毫米高射炮相比，37 毫米高射炮拥有更远的射程和更强的打击力。德国人把长身管（L/57）火炮安装在固定式平台或 52 牵引车新式轻型单轴轮式炮架上，组成了 37 毫米 Flak 36 式轻型高射炮。使用这种炮架的 37 毫米 Flak 36 式轻型高射炮，重量轻于 37 毫米轮式 Flak 18 高射炮。此外，37 毫米 Flak 36 式轻型高射炮还有一些被安装在专用四轮 104 牵引车上的机动型。37 毫米 Flak 36 式轻型高射炮的持续战术射速为 100 发 / 分钟，最大理论射速为 160 发 / 分钟。之后，德国人又研发了 37 毫米 Flak 37 L/57 式轻型高射炮——这款高射炮与 37 毫米 Flak 36 式轻型高射炮基本相同，不过后者使用的是 35 式或 36 式高射炮瞄准具，而前者配备了蔡司 37 式高射炮瞄准具（也有少量该型号的高射炮安装了 40 式高射炮瞄准具）。

37 毫米 Flak 36 式轻型高射炮——这是 37 毫米 Flak 36 式轻型高射炮的左侧视图，图片清晰展示了这款高射炮向下折叠的火炮防盾。请注意被安装在炮口处的锥形消焰器，消焰器上有许多小小的气孔。

型号：37 毫米 Flak 36 式轻型高射炮

组员：5 人

生产年份：1936—1945 年

战斗全重：1.5 吨

长度：3.5 米

口径：37 毫米

炮口初速：820 米 / 秒

最大射程：4800 米

弹种：高爆弹或烟幕弹

搭载 37 毫米 *Flak 36* 式轻型高射炮的 *Sdkfz 7/2*——图中这辆 *Sdkfz 7/2* 是 *Sdkfz 7/1* 的姐妹款，高射炮的俯仰角可以从 -8 度调整到 85 度。

1942—1944 年，迪尔克罗普公司、DWM 公司和斯柯达公司共生产了超过 4500 门 37 毫米 Flak 36 式和 Flak 37 L/57 式轻型高射炮。这两款高射炮于 1944 年左右停产，上述几家公司开始生产 37 毫米 Flak 43 式高射炮——这是一款十分优秀的高射炮，不仅重量轻，还采用了新式气动后膛装填机构。因此，37 毫米 Flak 43 式高射炮的射速被提高到了 230—250 发 / 分钟。这款高射炮一共被生产了 1200 门左右。

88 毫米 Flak 18 L/56 式重型高射炮

88 毫米 Flak 18 L/56 式重型高射炮（战斗全重为 4985 千克），是战争期间德军列装的几款著名的 88 毫米高射炮中的第一款。两次世界大战之间，克虏伯公司与瑞典博福斯公司合作，设计并生产了德军于 1934 年列装的 88 毫米 Flak 18 L/56 式重型高射炮。这款高射炮的设计深具创造性，其火炮被安装在十字形发射平台的基架上，四根支架为方便火炮发射而向外伸出——这种设计能让高射炮的仰角达到 85 度。

虽然主要被用于执行防空任务（发射高爆弹），但 88 毫米 Flak 18 L/56 式重型高射炮在使用穿甲弹时的地面作战能力也很强大。发射高爆弹时，这款高射炮的炮口初速达 820 米 / 秒，最大射高达 8000 米；发射穿甲弹时，这款高射炮的炮口初速达 795 米 / 秒，最大射程则达到了令人难以置信的 14680 米。

在执行地面作战任务时，88 毫米 Flak 18 L/56 式重型高射炮能在 2000 米的距离击穿 88 毫米厚的垂直装甲板。在由训练有素的炮组成员操控时，它可以实现 15 发 / 分钟的最大射速。在 1936 年的西班牙内战中，这款高射炮跟随德国秃鹰军团首度参战，德国人在那里部署了四个高炮连，每个连拥有四门高射炮。战斗经历表明，执行地面作战任务的 88 毫米 Flak 18 L/56 式重型高射炮，无论是被当成反坦克炮使用，还是被当成普通火炮使用，都效用非凡。不过，交战经历和来自战场的教训表明，这款高射炮的身管在仅仅发射 1000 发炮弹后就会出现严重的磨损情况。20 世纪 30 年代末，德国人对这款高射炮进行了改进——在采用了被分成三部分的身管，以及易于更换的身管衬套后，身管磨损严重的问题被解决了。整个战争期间，Flak 18、Flak 36 和 Flak 37 系列高射炮被德国人大批量生产，是二战期间德军的制式高射炮。

由 Sdkfz 7 牵引的 88 毫米 Flak 18 L/56 式重型高射炮——Sdkfz 7（图中这辆车安装有帆布顶棚）牵引车主要被用于牵引 88 毫米 Flak 18 L/56 式重型高射炮。操作人员在运送这款高射炮时，需要把高射炮连接到牵引车的两个单轴转向架装置上——整个过程耗时不到三分钟。

型号：88 毫米 Flak 18 L/56 式重型高射炮（Flak 18）

组员：10 人
生产年份：1933—1945 年
战斗全重：4985 千克
长度：5.791 米
口径：88 毫米
最大射程：有效射高 8000 米
炮弹：QF 88 毫米 × 571 毫米 R

库尔斯克战役中的 88 毫米 Flak 18 L/56 式重型高射炮——1943 年 7 月，在德军于库尔斯克地区展开的"堡垒"作战期间，一门 88 毫米 Flak 18 L/56 式重型高射炮被部署在开阔地，其身管上方硕大的复进机清晰可见。

1942 年 9 月，德国军队列装了大约 5184 门 Flak 18 和 Flak 36 系列高射炮。几款 88 毫米高射炮的生产几乎一直持续到战争结束。1944 年 8 月，德军列装的 Flak 18、Flak 36 和 Flak 37 系列高射炮的数量到达顶峰，多达 10704 门，到 1945 年 2 月时，列装数量下降到 8769 门。

41 式 88 毫米高射炮（88 毫米 Flak 41 L/74 式重型高射炮）

1942 年年初，德军列装了一款全新的 88 毫米高射炮，也就是 41 式 88 毫米高射炮（Flak 41），但初期有一些问题导致这款高射炮在 1943 年年初时列装前线的数量不太多。莱茵金属 - 博尔西格公司研发的这款武器，主要被用于执行对空、对地打击的双重任务，具有真正的反坦克能力。总的来说，这款武器比原先的 88 毫米高射炮更加优秀。41 式 88 毫米高射炮配有非常长的 L/74 型身管（被装在一块三面防盾内）。这门威力强大的火炮在发射炮弹时，炮口初速可达 980 米 / 秒——在发射穿甲弹时，这种炮口初速能让炮弹在 2000 米的距离击穿 132 毫米厚的垂直装甲板。在执行地面作战任务时，41 式 88 毫米高射炮的最大理论射程高达 20000 米。

在德国于 1941 年征服希腊期间，党卫队"警卫旗队"的一门 41 式 88 毫米高射炮，在 6000 米的距离外击毁了一辆英军坦克。无独有偶，在 1944 年 7 月由英军发起的"古德伍德"攻势中，德军的一个高炮连，用 41 式 88 毫米高射炮在 48 小时内击毁了 35 辆英军坦克。在对空攻击时，这款高射炮能以 14690 米的最大射高发射高爆弹。41 式 88 毫米高射炮是一款深具毁灭性的武器，它结合了侵彻力和射程，其射速高达 20—25 发 / 分钟。德军一般会使用配备双轮胎的 202 型四轮拖车来运送这款高射炮。

41 式 88 毫米高射炮的高度低于之前的几款 88 毫米高射炮，其高度只有 2.36 米（之前的几款 88 毫米高射炮的高大身形，是它们在执行地面作战任务时最主要的缺点）。因此，41 式 88 毫米高射炮的生存能力比之前的几款 88 毫米高射炮更强。41 式 88 毫米高射炮的战斗全重高达 7840 千克。值得一提的是，41 式 88 毫米高射炮的产量有限——德国人不愿影响另外三款 88 毫米高射炮的批量生产任务。1942 年，几家德国工厂生产了 42 门 41 式 88 毫米高射炮（1943 年又生产了 122 门）。

大多数 41 式 88 毫米高射炮都被配发给了几个精锐装甲师和装甲掷弹兵师炮兵营辖内的重炮连，或被交付给了独立炮兵部队。1944 年，德国生产了大约 290 门 41 式 88 毫米高射炮。1945 年年初，德国又生产了 96 门 41 式 88 毫米高射炮。这些高射炮中的绝大多数，都被配发给了德国陆军和空军中的高射炮连。这些高炮连被部署在德国境内，德军试图以此扰乱盟军每天实施的远程空袭——这些轰炸行动给德国的战争经济和交通体系造成了相当大的破坏。

41式88毫米高射炮——图中这门高射炮呈高仰角状态（远远高于防盾顶部）。这门高射炮被安装在两个单轴前车上，其侧支架在转向架组件间向外伸展。

型号：41式88毫米高射炮（Flak 41）

组员：10人
生产年份：1943—1945年
战斗全重：7840千克
长度：651.2米[①]
口径：88毫米
射速：20—25发/分钟
最大射高：20000米
炮弹：QF 88毫米×571毫米

128毫米 Flak 40 L/61 式重型高射炮

　　1936年，莱茵金属-博尔西格公司着手研发一款128毫米重型高射炮。值得一提的是，与此同时，克虏伯公司也开始推进两个类似的150毫米高射炮研发项目，

---

　　① 译者注：原文如此。

但德国人在经过旷日持久的测试后，发现这些150毫米高射炮的性能并算不上优秀。因此，德国人于1940年年初撤销了相关项目。1937年，首批128毫米 Flak 40 L/61 式重型高射炮的六门原型炮接受了测试。

128 毫米 Flak 40 L/61 式重型高射炮——这门火炮被安装在牢固的四支撑架 H 形金属固定式炮架上，其庞大的尺寸显而易见。请注意这款火炮宽大的底座。

型号：128 毫米 Flak 40 L/61 式重型高射炮（Flak 40）

组员：10 人
生产年份：1942—1945 年
战斗全重：4828 千克
长度：7.835 米
口径：128 毫米
射速：12—14 发 / 分钟
最大射高：14800 米
炮弹：128 毫米 ×958 毫米

首批 128 毫米 Flak 40 L/61 式重型高射炮的整体移动和搭载需要使用专用运输工具：220 型四轮式拖车。克虏伯公司于 1942 年生产了 16 门 128 毫米 Flak 40 L/61 式重型高射炮，但这些高射炮是固定式的，而非机动型。固定式 128 毫米 Flak 40 L/61 式重型高射炮的产量在此后有所增加——克虏伯公司于 1943 年生产了 160 门，于 1944 年生产了 380 门，又于 1945 年年初生产了 50 门。128 毫米 Flak 40 L/61 式重型高射炮的列装数量在 1945 年 1 月时到达顶峰，共计 570 门。这些高射炮大多被配发给了德国陆军和空军中的一些重型高射炮连，这些重型高射炮连被部署在德国境内以应对盟军的空袭。

顾名思义，128 毫米 Flak 40 L/61 式重型高射炮是一款采用 61 倍径长身管的 128 毫米高射炮。这门高射炮被安装在支架上，而支架又被安装在以四根支撑臂构成的重型地面底座上——这使得这门高射炮的最大仰角可达 87 度。在发射高爆弹时，这款高射炮的炮口初速为 880 米 / 秒，最大射高达到了 14800 米。

128 毫米 Flak 40 L/61 式重型高射炮可横向转动 360 度，射速可达 12—14 发 / 分钟。这是一款庞大而又沉重的武器，其战斗全重为 4828 千克。1944 年，德国人对相关设计做了些许修改，随后生产的高射炮被定型为 Flak 40/1 和 Flak 40/2。

在战争的最后几周（即盟军的装甲先遣力量迅速深入德国腹地时），德军调集了大多数 128 毫米 Flak 40 L/61 式重型高射炮去执行地面防御任务。

反坦克炮

战争期间，德军装备了一些性能最佳、最具效用的反坦克炮。在这些反坦克炮中，也有许多被装在了坦克上。

37 毫米 Flak 35/36 L/45 式反坦克炮

德军在 1935 年时列装了由汽车牵引的 37 毫米 Flak 35/36 L/45 式反坦克炮，以替代在 20 世纪 20 年代后期研发的以马匹拖曳的类似武器。37 毫米 Flak 35/36 L/45 式反坦克炮的尺寸较小，身形低矮，易于移动。这款装有大倾斜度防盾的 45 倍径火炮，可以以 762 米 / 秒的炮口初速发射反坦克炮弹，最大射程可达 4025 米。在 500 米的作战距离内，这款火炮发射的炮弹能穿透 48 毫米厚的垂直装甲板，足以从任何角度击穿大多数敌坦克。37 毫米 Flak 35/36 L/45 式

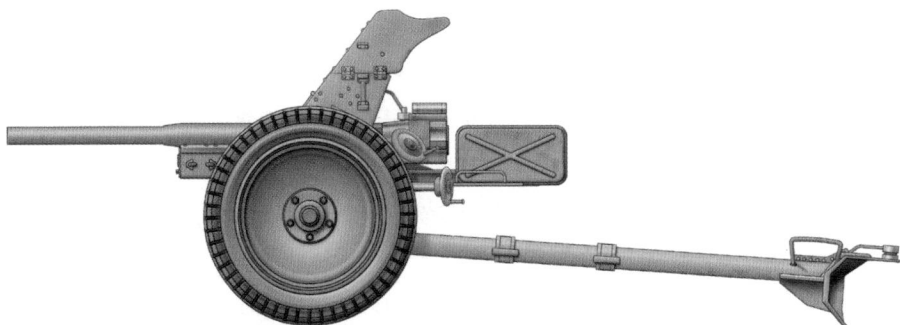

37 毫米 Flak 35/36 L/45 式反坦克炮——图中这门反坦克炮的大直径实心轮胎非常抢眼。此外，请注意大架尾端硕大的驻锄。

型号：37 毫米 Flak 35/36 L/45 式反坦克炮（Pak 36）

组员：3 人

生产年份：1933—1942 年

战斗全重：0.43 吨

长度：1.67 米

口径：37 毫米

炮口初速：762 米 / 秒

射程：600 米[①]

弹种：穿甲弹

反坦克炮于 1935—1939 年年间被批量生产，是德军当时的师属制式反坦克武器。在 1939 年 9 月的波兰战局开始前，德国陆军列装了 11200 门 37 毫米 Flak 35/36 L/45 式反坦克炮。那场战局证明，37 毫米 Flak 35/36 L/45 式反坦克炮完全能对付波兰陆军配备的大批轻型和小型坦克。

在 1940 年 5—6 月德国入侵法国期间，37 毫米 Flak 35/36 L/45 式反坦克炮的战术局限性暴露无遗：这款火炮无法击穿法国夏尔 B 型坦克和英国玛蒂尔达重型坦克的 60 毫米厚的装甲板。

---

① 译者注：原文如此。

随后，德国人着手研发 50 毫米反坦克炮。但在此期间，37 毫米 Flak 35/36 L/45 式反坦克炮依然是德军的制式反坦克武器，至 1941 年 5 月时已经列装了共 14458 门。为临时延长这款火炮的服役期，德国人研发了性能更优异的 40 式 37 毫米碳化钨芯穿甲弹（PzGr 40），这种炮弹能在 500 米的距离外射穿 65 毫米厚的垂直装甲板。可是，因为盟军的海上封锁导致钨的供应日益短缺，所以 PzGr 40 的产量相当有限。

之后，于 1941 年下半年在东线发生的激烈战事再次表明，37 毫米 Flak 35/36 L/45 式反坦克炮的战术性能已严重落伍，哪怕是在很近的距离之内，它也无法射穿苏制 T-34 和 KV-1 坦克的正面装甲板。为再次延长这款武器的服役时间，德国人又推出了 37 毫米 Stielgrenate 41，也就是靠尾翼稳定的空心装药反坦克榴弹。这种榴弹从炮口装填，并以火炮后膛里的药筒发射。虽然 Stielgrenate 41 的射程只有 200 米，但它能在 200 米内击穿 180 毫米厚的垂直装甲板。尽管采取了这些措施，但在 1942—1943 年年间，德国人还是从前线撤装了陈旧过时的 37 毫米 Flak 35/36 L/45 式反坦克炮。

反坦克炮弹对比				
	类型	200 米的距离穿透垂直装甲板的厚度	炮口初速	重量
37 毫米穿甲弹	实心穿甲弹	56 毫米	762 米 / 秒	0.68 千克
40 式 37 毫米穿甲弹	碳化钨芯穿甲弹	72 毫米	1030 米 / 秒	0.34 千克
Stielgrenate 41（杆式榴弹）	靠尾翼稳定的空心装药反坦克榴弹	180 毫米	110 米 / 秒	8.5 千克

50 毫米 Pak 38 L/60 式中型反坦克炮

在 37 毫米 Flak 35/36 L/45 式反坦克炮的缺陷暴露前，莱茵金属 - 博尔西格公司就已着手研发更具威力的替代武器，也就是 50 毫米 Pak 38 L/60 式中型反坦克炮。这款配有硕大的防盾的火炮于 1940 年秋季列装，其重量相对较轻，能被安装在由易于移动的单轴开脚式大架构成的炮架上。在实施战术机动时，德国人会用 Sdkfz 251 半履带车来牵引 50 毫米 Pak 38 L/60 式中型反坦克炮。

这款长身管（L/60）的 50 毫米反坦克炮装有炮口制退器，可发射标准型 38 式穿甲弹，该穿甲弹的最大射程为 2650 米。反坦克炮于 1000 米的距离上发射的标准型 38 式穿甲弹，能射穿 61 毫米厚的垂直装甲板。而当反坦克炮发射少见的 40 式碳化钨芯穿甲弹时，甚至可以击穿 1000 米外的 84 毫米厚的垂直装甲板（德军在当时只有使用这种炮弹，才能在正常的战斗距离上射穿红军的 T-34 坦克的正面装甲板）。训练有素的炮组成员在使用 50 毫米 Pak 38 L/60 式中型反坦克炮时，能实现 12—15 发 / 分钟的惊人射速。

在 1941 年夏季轴心国入侵苏联期间，有少量 50 毫米 Pak 38 L/60 式中型反坦克炮被配发给了德国陆军和武装党卫队精锐装甲掷弹兵师反坦克连辖内的排级单位。德国在 1942—1943 年年间大规模生产了这种反坦克炮（共计 8500 门）。后来，50 毫米 Pak 38 L/60 式中型反坦克炮成了当时德国陆军的制式反坦克武器，并逐渐在前线替代了 37 毫米 Flak 35/36 L/45 式反坦克炮。

50 毫米 Pak 38 L/60 式中型反坦克炮曾跟随非洲军参加了 1942—1943 年的北非战局，并于 1944 年后期在东线和西线服役。1944 年，德国从前线撤装了这款日趋过时的反坦克炮，并将其交给二线部队用来执行占领区勤务。莱茵金属 - 博尔西格公司总共生产了 9504 门 50 毫米 Pak 38 L/60 式中型反坦克炮。

50 毫米 Pak 38 L/60 式中型反坦克炮——50 毫米 Pak 38 L/60 式中型反坦克炮的左侧视图，这款反坦克炮的开脚式大架的驻锄上带有弯曲的移动手柄。

型号：50 毫米 Pak 38 L/60 式中型反坦克炮（Pak 38）

组员：3 人
生产年份：1940—1943 年
战斗全重：1.2 吨
长度：3.2 米
口径：50 毫米
炮口初速：835 米 / 秒（穿甲弹）
最大射程：穿甲弹 1800 米，高爆弹 2600 米
弹种：穿甲弹，高爆弹

75 毫米 Pak 40 L/46 式重型反坦克炮

1939 年，德国人在研发 50 毫米 Pak 38 L/60 式中型反坦克炮的同时，还在着手设计一款新式的 75 毫米反坦克炮。为加快研发进度，他们按比例放大了 50 毫米 Pak 38 L/60 式中型反坦克炮，最终成品即 75 毫米 Pak 40 L/46 式重型反坦克炮。在 75 毫米 Pak 40 L/46 式重型反坦克炮的第一批样炮被匆匆运往东线时，适逢红军发动了 1941 年 /1942 年冬季反攻。备受重压、侧翼遭迂回的德国军队实施了刺猬防御。大卢基地区的守军在发现新式火炮拥有强大的反坦克能力后如释重负，因为这款火炮甚至能干掉令人畏惧的 T-34 和 KV-1 坦克。

75 毫米 Pak 40 L/46 式重型反坦克炮是一款尺寸较大但身形低矮、易于隐蔽的反坦克炮。75 毫米 Pak 40 L/46 式重型反坦克炮长长的身管（L/46）被安装在三面炮盾上——由于这款反坦克炮看上去与 50 毫米 Pak 38 L/60 式中型反坦克炮很相似，因此这块防盾就成了区分这两款武器的重要特征。75 毫米 Pak 40 L/46 式重型反坦克炮通常会被装在标准款单轴炮架上——该炮架配有充气式轮胎和开脚式大架。

75 毫米 Pak 40 L/46 式重型反坦克炮——这款早期生产的重型反坦克炮装有单挡板炮口制退器，以及辐条式钢制炮轮。后期生产的这款火炮，安装有两种稍事改进的炮口制退器中的一种。

型号：75 毫米 Pak 40 L/46 式重型反坦克炮（Pak 40）

组员：6 人
生产年份：1942—1945 年
战斗全重：1.5 吨
长度：3.7 米
口径：75 毫米
射速：14 发 / 分钟
炮口初速：933 米 / 秒（穿甲弹）
最大射程：穿甲弹 2000 米，高爆弹 7500 米
弹种：穿甲弹，高爆弹

1942—1944 年，德国大规模量产了 75 毫米 Pak 40 L/46 式重型反坦克炮，因生产成本相对较低，所以它逐渐取代了 50 毫米 Pak 38 L/60 式中型反坦克炮，并在 1943—1944 年成为德国师的制式反坦克武器。许多资料证实，在德国人沿占领的法国西海岸构筑西墙防御工事期间，陆军和海军海岸炮兵连曾把这款反坦克炮部署在掩体内。

75 毫米 Pak 40 L/46 式重型反坦克炮的弹道性能让人刮目相看。这款反坦克炮在发射 39 式 75 毫米被帽风帽穿甲弹时，其炮口初速可达 792 米 / 秒，能在 500 米的距离内射穿 135 毫米厚的垂直装甲板或 106 毫米厚的 30 度倾斜装甲板；在发射 40 式碳化钨芯穿甲弹时，其炮口初速高达 933 米 / 秒，能在 500 米的距离内射穿 154 毫米厚的垂直装甲板或 115 毫米厚的 30 度倾斜装甲板。

75 毫米 Pak 40 L/46 式重型反坦克炮在各条战线服役到 1945 年 5 月战争结束。

库尔斯克战役中的 75 毫米 Pak 40 L/46 式重型反坦克炮——照片拍摄于 1943 年 7 月，德军在库尔斯克发起 "堡垒" 作战期间。反坦克炮的炮组成员正把炮弹填入用树枝精心伪装的 75 毫米 Pak 40 L/46 式重型反坦克炮敞开的后膛。

Pak 38 与 Pak 40 对比			
	身管寿命	俯仰角	最大回旋角度
Pak 38	4000—5000 发	-8 度到 27 度	65 度
Pak 40	6000 发	-5 度到 22 度	65 度

坦克杀手——证实 75 毫米 Pak 40 L/46 式重型反坦克炮的威力的一个例子发生在 1944 年 8 月 8 日，即加拿大军队在诺曼底发动"总计"攻势期间。当日在福塞城堡附近，党卫队第 12 装甲师的装甲掷弹兵在获得了两门精心伪装的 75 毫米 Pak 40 L/46 式重型反坦克炮的加强后，便埋伏在毗邻的树林里。波兰第 1 装甲师的一个谢尔曼坦克中队对此毫不知情，驶过空阔的玉米地朝他们扑来。35 分钟内，75 毫米 Pak 40 L/46 式重型反坦克炮射出的弹雨击毁了波军 18 辆坦克，而对方的还击只干掉一门反坦克炮。

88 毫米 Pak 43 L/71 式反坦克炮

1943 年，克虏伯公司参考 75 毫米 Pak 40 L/46 式重型反坦克炮的优缺点，设计了一款技术更先进、威力更强大的替代武器，即 88 毫米 Pak 43 L/71 式反坦克炮。普遍的看法是，这款武器堪称二战期间最具效用的反坦克炮。88 毫米 Pak 43 L/71 式反坦克炮搭载了非常长的 71 倍径身管，还安装有炮口制退器。这款致命的火炮在发射全新设计的 39/43 式穿甲弹（重 10.4 千克）时，其炮口初速高达 1000 米 / 秒。在较近的战术距离（500 米）下开火时，这种炮弹能击穿 207 毫米厚的垂直装甲板或 182 毫米厚的 30 度倾斜装甲板——足以击毁当时盟军的任何一款装甲战车。即便是在 2000 米（已超出正常的战术距离）的距离处开火，88 毫米 Pak 43 L/71 式反坦克炮发射的炮弹仍能射穿 159 毫米厚的垂直装甲板。此外，这款武器的最大有效射程同样令人惊讶——高达 15150 米。

88 毫米 Pak 43 L/71 式反坦克炮安装有先进的半自动后膛装填机和电击发电路，因此它拥有 6—10 发 / 分钟的射速。1944 年，88 毫米 Pak 43 L/71 式反坦克炮让德军具备了击毁红军新式重型坦克（JS-1 与 JS-2）的能力。不过 88 毫米 Pak 43 L/71 式反坦克炮仍存在一些问题——其不一般的炮口初速，再加上身管内的高压，导致其身管磨损严重，有时候只发射 1200 发炮弹就需要更换身管。后期的 88 毫米 Pak 43 L/71 式反坦克炮，其身管被分成两部分生产，以简化磨损部分的更换工作。

88 毫米 Pak 43 L/71 式反坦克炮的长长的身管被安装在低矮的十字形平台上，在配备了倾斜度良好的防盾后，它还能为炮组成员提供掩护。这款反坦克炮的高度只有 2.05 米，比两用型 88 毫米高射炮更加低矮，拥有出色的生存能力。88 毫米 Pak 43 L/71 式反坦克炮重 3700 千克，其战术机动性要优于 88 毫米高射炮。总体来看，虽然 88 毫米 Pak 43 L/71 式反坦克炮是一款精心设计的武器，但却造价高昂，其生产需要耗费大量的时间和资源。

PaK 43——88 毫米 Pak 43 L/71 式反坦克炮让人望而生畏的侧视图和后视图。这门火炮位于防盾中央，硕大的矩形后膛和炮架末端的两个驻锄清晰可见。

型号：88 毫米 Pak 43 L/71 式反坦克炮（Pak 43）

组员：5 人
生产年份：1943—1945 年
战斗全重：3700 千克
长度：9.2 米
口径：88 毫米
射速：6—10 发 / 分钟
炮口初速：1000 米 / 秒
最大射程：15150 米
弹种：高爆弹，烟幕弹

前线的德国军队曾要求上级提供更多的 88 毫米 Pak 43 L/71 式反坦克炮，但这款"坦克杀手"的产量却无法满足军队的需求——德国各工厂只生产了 2100 门。虽说 88 毫米 Pak 43 L/71 式反坦克炮只列装了少量军级、集团军级独立反坦克营，但它们还是在战术战场上留下了自己的印记。例如在 1944 年 7 月 17 日，即英国和加拿大军队在卡昂东南方发起"古德伍德"攻势期间，德军部署在卡尼附近的三门 88 毫米 Pak 43 L/71 式反坦克炮，在不到 30 分钟的时间里就击毁了 23 辆英军坦克。

88 毫米 Pak 43/41 L/71 式重型反坦克炮

德国陆军在 1944 年时指出，88 毫米 Pak 43 L/71 式反坦克炮是一款结构复杂、严重占用资源的武器，因此他们无法满足部队对这款反坦克炮的列装需求。不过，他们还是想为前线尽快弄到尽可能多的 88 毫米 Pak 43 L/71 式重型反坦克炮。莱茵金属 - 博尔西格公司受领了这项紧急任务，负责设计一款新的、更易于生产的武器。之后，这家公司改进了现有的 L/71 身管（配备了更简单的瞄准具和后膛装置），并将之与另外三个部件（新设计的三面防盾、105 毫米 leFH 18 式轻型野战榴弹炮配有开脚式大架的炮架、150 毫米 sFH 18 式重型野战榴弹炮的轮式单轴）相结合——后两个部件当时正在被大批量生产，因此可用数量很多。这款武器也就是后来的 88 毫米 Pak 43/41 L/71 式重型反坦克炮（Pak 43/41）。

由于设计时间仓促和需要临时拼凑，因此 88 毫米 Pak 43/41 L/71 式重型反坦克炮颇有些不足之处——首先，这款反坦克炮的高度较高，很容易成为敌人瞄准的目标。其次，这款反坦克炮的最大回旋角度只有 56 度，而 88 毫米 Pak 43 L/71 式反坦克炮能转动 360 度。最后，这款反坦克炮只配备了一根车轴，在战术机动性方面比不上配备两根车轴的 88 毫米 Pak 43 L/71 式反坦克炮。不过，因为 88 毫米 Pak 43/41 L/71 式重型反坦克炮与 88 毫米 Pak 43 L/71 式反坦克炮使用的是一样的炮弹，所以前者也具有出色的弹道性能。在战争的最后 14 个月里，88 毫米 Pak 43 L/71 式反坦克炮和 88 毫米 Pak 43/41 L/71 式重型反坦克炮被一同列装了集团军级独立反坦克营。

PaK 43 系列反坦克炮对比				
	战斗全重	射击俯仰角	身管寿命	制造商
Pak 43	4750 千克	-8 度到 40 度	1200 发—2000 发	克虏伯、亨舍尔、韦泽钢铁厂
Pak 43/41	4380 千克	-5 度到 38 度	1200 发—2000 发	莱茵金属 - 博尔西格

步兵炮

两次世界大战之间，德国陆军开发了直射武器的新类别，并将之称为步兵炮。这是一种重量较轻、机动性出色、由步兵操作的直接火力支援武器，其射程要优于迫击炮。

75毫米 leIG 18式轻型步兵炮

1927—1933年，德国人研发了两款步兵炮：75毫米 leIG 18式轻型步兵炮（leIG 18），以及150毫米 SiG 33式重型步兵炮。当时德国的步兵团辖内新组建的炮兵连都列装了这两款火炮。

莱茵金属 - 博尔西格公司设计的75毫米 leIG 18式轻型步兵炮于1932年列装。这款步兵炮有两个变款：第一款以马匹拖曳，配有辐条式炮轮；第二款以汽车牵引，配备装有充气轮胎的实心车轮（这也是被重点生产的一款步兵炮）。其中第一款步兵炮重405千克，第二款步兵炮重515千克。75毫米 leIG 18式轻型步兵炮的身管非常短，其炮弹重六千克，最大射程为3550米。

leIG 18——75毫米 leIG 18式轻型步兵炮的身管非常短，只是稍稍超出了倾斜度良好、宽大的三片式防盾。

型号：75毫米 leIG 18式轻型步兵炮（leIG 18）

组员：3—5人
生产年份：1932—1945年
战斗全重：405千克
身管长度：88厘米
口径：75毫米
射速：8—12发 / 分钟
炮口初速：210米 / 秒
最大射程：3550米
弹种：高爆弹，烟幕弹

在斯大林格勒的 75 毫米 leIG 18 式轻型步兵炮——斯大林格勒战役期间，这门步兵炮的炮组成员正在荒地里推动它。请注意，照片中的这门步兵炮配备了不太常见的，宽大的整体式炮架。

1944 年，一款新型步兵炮，也就是 75 毫米 leIG 37，开始作为 75 毫米 leIG 18 式轻型步兵炮的补充列装德军前线部队。这款新式步兵炮使用的是 leIG 42 样炮的身管，和已过时的 37 毫米 Flak 35/36 L/45 式反坦克炮现成的炮架（这种炮架的库存很多，完全可用于这番改装工作）。

150 毫米 sIG 33 式重型步兵炮

1927—1934 年，德国陆军推出了第二款重型步兵炮，也就是 150 毫米 sIG 33 式重型步兵炮。1935—1937 年，这款火炮被少量生产，并接受了实地测试。150 毫米sIG 33式重型步兵炮于1938年开始被量产，主要被用于列装德军步兵团辖内组建的炮兵连。从1940年起，武装党卫队装甲掷弹兵和步兵团辖内组建的每个重型步兵炮排，都配备了两门150毫米sIG 33式重型步兵炮。

　　从理论上来说，步兵炮应该是易于移动的武器，前线部队可以轻松地把它靠前部署，以提供近距离直射火力支援（特别是在缺乏炮兵间接火力支援的情况下）。但1700千克重的150毫米sIG 33式重型步兵炮沉重而又笨拙，难以被靠前部署。也就是说，步兵炮在极端情况下也可以充当备用的间接射击火炮。

　　这款150毫米短身管（L/11.4）步兵炮搭载的是单轴轮式整体炮架，在发射高爆弹时的最大射程为4700米。此外，它还可以发射烟幕弹、空心装药弹、42式杆式榴弹。150毫米sIG 33式重型步兵炮的炮架有两种：A型是全钢版，B型使用了钢材和轻质合金。150毫米sIG 33式重型步兵炮既可使用马匹拖曳，也可以用汽车牵引。

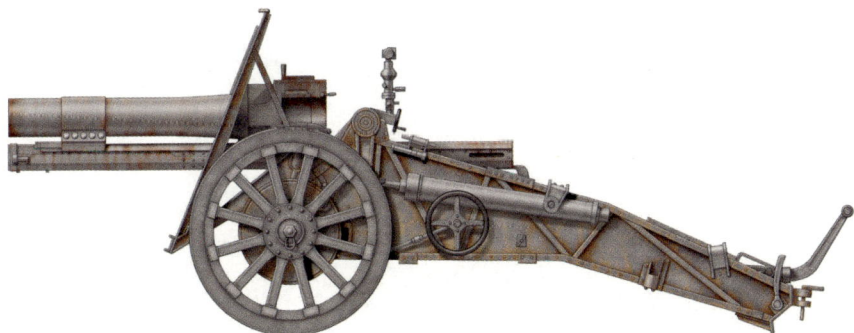

150毫米sIG 33式重型步兵炮——这款步兵炮的硕大的操作手柄，被安装在整体式炮架后端驻锄的顶部。这款早期生产的步兵炮装有辐条式木制炮轮。

型号：**150毫米sIG 33式重型步兵炮（sIG 33）**

组员：5人
生产年份：1936—1945年
战斗全重：1700千克
身管长度：1.64米
口径：150毫米
射速：2—3发/分钟
炮口初速：241米/秒
最大射程：4700米
弹种：高爆弹，烟幕弹

在德军于北非的图卜鲁格展开行动期间，一名德国军官（前）与几名士兵正在抓紧时间休息。这名军官携带的是 MP 40 冲锋枪，其腰间插有一颗手榴弹。

第三章

步兵装备

第二次世界大战期间，德国陆军的各班步兵通常会携带包括步枪和缩短型卡宾枪在内的轻武器。卡宾枪通常会被配备给装甲兵、骑兵、炮兵，而其他人员则通常会携带例如 MP 38 或 MP 40 这样的冲锋枪。

随着战争的进行，技术方面的发展使德国步兵拥有了威力更大的新式轻武器，例如高射速的全自动 MP 43 和 StG 44 突击步枪。同时，德国步兵还获得了新式单兵反坦克武器，例如"铁拳"（Panzerfaust）和"战车噩梦"（Panzerschreck）。除了这些单兵武器，德军步兵班的九名士兵还会使用包括 MG 34 或 MG 42 在内的机枪。

手枪

帕拉贝鲁姆 P08 鲁格尔

帕拉贝鲁姆手枪的起源可追溯到 19 世纪，但让帕拉贝鲁姆这个名称发扬光大的却是格奥尔格·鲁格尔设计的 P08 手枪。鲁格尔早期设计的手枪多为 7.65 毫米口径，之后改设计 9 毫米口径的手枪，再之后便是 P08 手枪——德国陆军和海军都装备了这款手枪。1908—1945 年，P08 手枪被生产了超过 250 万支。具有讽刺意味的是，这款手枪那看上去非常独特的肘节闭锁装置，既有优点也有缺点：优点是这种装置运作良好，缺点是它只能在确保清洁的情况下才能运作良好。不管怎么说，P08 手枪的射击精准度不错，其握柄设计也能使射击者握持舒适。值得一提的是，尽管这款手枪在战时被简化了，但它的重量并没有下降。

P08 手枪——这张 P08 手枪的剖面图显示，一发子弹在进入枪膛后，会停在击针前方，后面的击针弹簧会水平移动退向圆形的肘节连杆。

型号：帕拉贝鲁姆 P08 鲁格尔

定型年份：1908 年
口径：9 毫米
自动方式：枪管短后坐式
重量：0.87 千克
长度：233 毫米
枪口初速：380 米 / 秒
供弹 / 弹匣容量：8 发（可拆卸式弹匣）
射程：30 米

瓦尔特 P38

　　德国于 20 世纪 30 年代对一部分军备进行了重整和扩充，其中就曾要求以一款新型制式手枪来替代 P08 手枪。瓦尔特公司在接受了这项任务后，对他们的 PP 手枪进行了改进。在经瓦尔特公司多次修改后，军方终于接受了他们设计的 9 毫米军用手枪，也就是后来的瓦尔特 P38（38 式手枪）。瓦尔特 P38 的制作精良、性能可靠，其被镀成哑光黑色的枪身很有吸引力。瓦尔特 P38 带有保险指示销，其子弹是否已上膛可让人一目了然，另外它还配备了先进的双动锁。

瓦尔特 P38——其枪身侧面的 P 型保险栓清晰可见。

型号：瓦尔特 P38

定型年份：1938 年
口径：9 毫米
自动方式：枪管短后坐式
重量：0.8 千克
长度：213 毫米
枪口初速：350 米 / 秒
供弹 / 弹匣容量：8 发（可拆卸式弹匣）
射程：30 米

步枪

98 式 7.92 毫米步枪（Gewehr 98）

　　第一次世界大战中，德国陆军的制式步枪是 Gewehr 98。这款 7.92 毫米口径单发栓动式步枪，是根据毛瑟公司深具创造性的、于 1888 年完善的栓动设计方案制造的。两次世界大战之间，德国陆军违反《凡尔赛和约》，秘密储存了大批这款武器。在希特勒于 1934 年废除《凡尔赛和约》后，德国人开始重新生产这种旧式步枪，尽管产量不高，但其生产一直持续到了 1941 年。20 世纪 30 年代中期（即纳粹政权大规模扩充德国陆军期间），德军用储备的 Gewehr 98 装备了许多新组建的步兵部队。在部队列装了 98k 卡宾枪这种新式轻武器之后，Gewehr 98 才逐渐从前线部队撤装，被用于装备后方部队和安保人员。

Gewehr 98 的全长为 125 厘米，以 20 世纪时的标准来看，这款步枪又长又笨重。它拥有一个容弹量为五发的弹仓，在发射子弹时其枪口初速为 640 米 / 秒。在这场战争令德国人绝望的最后几个月里，大量库存的老式 Gewehr 98 被分发给人民冲锋队，以及在 1945 年 4 月底徒劳地企图保卫陷入重围的柏林的几个营。

Gewehr 98——Gewehr 98 独特的、位于木制枪托中间的枪栓小圆盘清晰可见，而位于小圆盘前方的是背带底部夹槽。

型号：毛瑟 Gewehr 98

定型年份：1898 年
口径：7.92 毫米
射击方式：栓动
重量：4.2 千克
长度：1250 毫米
枪管长度：740 毫米
枪口初速：640 米 / 秒
供弹 / 弹仓容量：5 发（盒式弹仓）
射程：500 米

98b 式 7.92 毫米卡宾枪（Karabiner 98b）

德国陆军吸取了第一次世界大战的经验教训，于 20 世纪 20 年代对 Gewehr 98 进行了一系列改进。他们采用了稍事改进的新型弹药，并在新步枪上安装了表尺式照门。这款经过改进的新武器就是 98b 式 7.92 毫米卡宾枪（Karabiner 98b，简称 Ka 98b），虽说名为卡宾枪，但 Ka 98b 的长度与 Gewehr98 相同，都是 125 厘米。据某些权威人士透露，这款步枪之所以被称为卡宾枪，是因为《凡尔赛和约》限制了德国生产步枪的数量，但没限制卡宾枪的生产。

德制 7.92 毫米步枪对比						
	类型	定型	列装	全长	空重	枪口初速
Gewehr 98	步枪	1898 年	1898—1945 年	125 厘米	4.2 千克	640 米 / 秒
Ka 98a	骑兵卡宾枪	1898 年	1898—1945 年	110 厘米	3.63 千克	870 米 / 秒
Ka 98b	步枪	1925 年	1925—1945 年	125 厘米	4.01 千克	785 米 / 秒
Ka 98k	步枪	1925 年	1935—1945 年	111 厘米	3.9 千克	755 米 / 秒

　　实际上，Ka 98b 是 98a 卡宾枪的加长改进型，而 98a 卡宾枪又是 Gewehr 98 的骑兵卡宾枪型。4.01 千克重的 Ka 98b 比 Gewehr 98 轻了约 0.2 千克，而且两者的背带环和栓动设计也不同。除了这些细节外，这两款枪看起来非常相似。德国人于 1935 年开始大量改装与生产 Ka 98b，这项工作一直持续到 20 世纪 30 年代后期。整个二战期间，Ka 98b 被分配给了无数个德军步兵排。不过，随着时间的推移，德国人逐渐将更多的注意力转移到了 Ka 98k 上。

轻武器——德军士兵蹲在一辆半履带自行高射炮车旁，大多数士兵都端着 98k 式 7.92 毫米卡宾枪（ka 98k，这是德国当时的制式步兵武器）；照片左侧的士兵拎着 MP 38 冲锋枪。

肃清房屋——三名德军士兵正在肃清房屋，中间的士兵端着 Ka 98k，照片最左侧的士兵头戴缀满树叶的钢盔，手端 MP 38 冲锋枪。

98k 式 7.92 毫米卡宾枪（Ka 98k）

在希特勒于 1935 年废除《凡尔赛和约》后，德国人推出了一款新式制式步枪，即 98k 式 7.92 毫米卡宾枪 [Ka 98k，其中后一个 k 的意思是"短"（kurz）]。自 1925 年以来，这款武器一直凭借外国的许可证在捷克斯洛伐克、波兰和比利时生产。1934 年，位于内卡河畔奥伯恩多夫的毛瑟 - 韦尔克工厂开始在德国国内有限生产这款卡宾枪。在其他军火公司加入后（即从 1935 年一直到 1945 年战争结束），德国开始大规模批量生产 Ka 98k。Ka 98k 的最终产量高得惊人，约有 1410 万支，到 1942 年时，Ka 98k 已成为德军列装的最为常见的卡宾枪。但在 1944—1945 年年间，盟军反复实施的空袭严重阻碍了 Ka 98k 的生产。因此，Ka 98k 没能彻底替代 Gewehr 98 和 Ka 98b，直到战争结束时，这三款武器依然处于现役状态。

作为 Gewehr 98 和 Ka 98b 的改进款，Ka 98k 的长度（全长为 110.7 厘米）明显短于前两款武器。的确，这款短卡宾枪的长度非常接近于 Gewehr 98 最早的卡宾枪款 Ka 98a。和另外几款步枪或卡宾枪一样，Ka 98k 也有一个容弹量为五发的弹仓。较好的射击精准度和 500 米的有效射程，让 Ka 98k 备受好评。在搭配望远镜瞄准具之后，Ka 98k 的射程能被增加到 1000 米。在训练有素的士兵手中，Ka 98k 的射速可达 15 发 / 分钟。Ka 98k 可以搭载各种加强型瞄准装置，包括 39 式和 42 式望远镜瞄准具。

Ka 98k 还可以安装各种榴弹发射器，包括于 1942 年定型的杯形榴弹发射器（德国人生产了 140 万个这种榴弹发射器）。1944 年，备受重压的德国人引入"战时"设计，加快了"简化版 Ka 98k"的生产速度。

Ka 98k——从外观上来看，Ka 98 与 Gewehr 98 非常相似，但两者有三个主要区别：Ka 98k 的长度更短；Ka 98k 的扳机护圈比 Gewehr 98 的扳机护圈大一些；Ka 98k 的下护木明显短于 Gewehr 98 的下护木。

型号：98k 式 7.92 毫米卡宾枪（Ka 98k）

定型年份：1935 年
口径：7.92 毫米
射击方式：栓动
重量：3.9 千克
全长：1110 毫米
枪管长度：600 毫米
枪口初速：745 米 / 秒
供弹 / 弹仓容量：5 发（内置盒式弹仓）
射程：500 米，铁制瞄准具

机枪

34式7.92毫米机枪（MG 34）

德军高层在20世纪20年代得出结论，即单独列装配备两脚架的轻机枪和配备三脚架的重机枪，是对德国有限资源的低效使用。因此，德国人提出了堪称具有革命性意义的轻重两用机枪概念——34式7.92毫米机枪（MG 34）应运而生，成了世界上首款通用机枪。

1934—1945年，尽管MG 34在前线越来越多地被MG 42所替代，但德国依然生产了大约57.7万挺MG34。MG 34在安装两脚架作为轻机枪使用时重11.5千克，以弹链（50发弹链或250发弹链）或鞍形弹鼓（容弹量为75发）供弹，同时它的理论射速令人咋舌，高达800—1000发/分钟。MG 34使用的是管状风冷枪管（可利用套筒上的圆孔通风），而不是昔日重机枪使用的那种笨重烦琐的水冷套。不过，因为风冷的效能不及水冷，所以MG 34在持续射击时会出现枪管过热的问题。德国人的解决办法是让MG 34机枪组组员携带1—2根备用枪管，而训练有素的组员在几秒钟内就可完成对枪管的更换。

巷战——在战争初期的某次巷战中，由两名士兵组成的MG 34机枪组，以不同寻常的战斗方式使用他们的武器。射手以跪姿端着机枪，而弹鼓则被他夹在胳膊下。

MG 34——这是配备了容弹量为 50 发的弹鼓的 MG 34 的剖面图，弹鼓里的子弹和套筒内的枪管均清晰可见。请注意在折叠后位于枪管底部的两脚架。

型号：34 式 7.92 毫米机枪（MG 34）

定型年份：1936 年
口径：7.92 毫米
自动方式：枪管短后坐式，风冷
重量：12.1 千克
全长：1219 毫米
枪管长度：627 毫米
枪口初速：762 米 / 秒
供弹方式：50/250 发弹链或 75 发弹鼓
理论射速：800—1000 发 / 分钟
射程：2000 米

MG 34 所使用的两脚架，既可以被安装在枪管末端下方，也可以被安装在靠近 V 形缺口式的照门处。MG 34 配备木制肩托和标准形状的手枪式握把，它的枪口初速可达 755 米 / 秒，有效射程可达 2000 米。和 MG 42 一样，MG 34 的枪管也装有枪口消焰器，在使用无焰火药弹的时候，它很难被敌人发现。

在杰米扬斯克的 MG 34 机枪——在被当成轻机枪使用时，MG 34 也是一款威力强大的进攻性武器。例如 1942 年 4 月，党卫队 "骷髅" 师在东线的杰米扬斯克周围陷入鏖战。4 月 21 日，排长菲德勒中士发现，敌人坚决的反击让自己的排面临覆灭的危险。绝望之余，菲德勒和他的机枪组组员冲向敌军阵地，并在奔跑中不停地用 MG 34 射击。短短 3 分钟内，他们袭击了对方三条战壕，最后迫使敌方 38 人举手投降。

MG 34 是德军九人步兵班的制式火力武器，其中主射手通常是班里最具经验、体格最健壮的士兵，因为他必须带着机枪四处活动。副射手负责以弹链供弹、更换过热的枪管、清理卡住的子弹。在执行防御任务时，会有两名士兵专门为机枪运送弹药，而另外几人则守在散兵坑里，掩护机枪阵地免遭敌人袭击。MG 34 的火力令人印象深刻，它在持续射击时更是如此，这在很大程度上解释了德军部队经常（特别是在战争最后两年）展现出的防御韧性。如果能处在有利地形中且弹药充足的话，德军士兵只需要寥寥几挺 MG 34，就完全能击退盟军强有力的进攻。

从微观战术层面来看，MG 34 的作用部分解释了许多德军部队展现出的战斗力。

战斗中的 MG 34——党卫队三人机枪组的组员在操纵一挺作为重机枪使用的 MG 34。此时，这款机枪被安装在硕大的三脚架上。德国人开发了十几款不同的机枪三脚架。

作为轻机枪使用的 MG 34 和 MG 42 对比			
	枪管长度	安装两脚架的全重	枪口初速
MG 34	62.7 厘米	11.5 千克	755 米 / 秒
MG 42	53 厘米	11.6 千克	820 米 / 秒

42 式 7.92 毫米机枪（MG 42）

尽管 MG 34 的威力已让盟军官兵心惊胆战，但 MG 42 的出现，却让 MG 34 的性能相形见绌。普遍的看法是，MG 42 是当时性能最好的轻重两用机枪。1940 年，毛瑟公司开始设计一款性能更强且更易于生产的机枪来替代 MG 34。毛瑟公司以他们当时大批量生产 MP 38 和 MP 40 冲锋枪的经验打造了 MG 42，这款机枪使用了廉

价、易于生产的压铸件和冲压件。尽管各部件均平淡无奇，但 MG 42 仍是一款设计
精良的武器。与 MG 34 不同，MG 42 装有长方形套筒，其套筒每侧有六个细长的
椭圆形通风孔。

为最大限度地发出持续的火力，与 MG 34 一样，MG 42 也有为快速更换枪管
所做的优化设计，而且经实测它的枪管更换速度比 MG 34 的更快。MG 42 拥有惊
人的理论射速：高达 1400—1500 发 / 分钟。

MG 42 采用的是铰接缺口式照门，而不是 MG 34 的 V 形缺口式照门。经精心
部署的几挺 MG 42 可以以紧密配合的火力，对企图逼近机枪阵地的敌突击部队施以
毁灭性打击。和 MG 34 一样，MG 42 也可以用 50 发或 250 发弹链供弹。这就是说，
德军步兵班可以用他们配发的弹药同时供应这两款机枪。MG 42 在射击时会发出独
特的、断断续续的"嘶吼声"，在战场上它猛烈的火力和可怕的声音能大幅度振奋
己方士气，盟军士兵把这款可怕的武器称为"施潘道"。

MG 42——这张枪管冷却套剖面图展示了冷却套内的枪管。这张图表明，MG 42 的木制组件只剩肩托和手枪式握把，其他枪身组件都是易于制造的冲压金属组件。

型号：42 式 7.92 毫米机枪（MG 42）

定型年份：1942 年
口径：7.92 毫米
自动方式：枪管短后坐式，风冷
重量：11.5 千克
全长：1220 毫米
枪管长度：535 毫米
枪口初速：800 米 / 秒
供弹方式：50/250 发弹链
射速：1400—1500 发 / 分钟
射程：3000 米

MG 42 在安装上三脚架之后，在战术上可被作为重机枪使用，它也可以被装在固定设施内发挥重要作用。德国人为这款机枪开发了好几种三脚架，包括 34 式轻型三脚架和 42 式三脚架，还有能让 MG 42 机枪作为高射武器使用的几种脚架，也有能把两挺 MG 42 机枪连接起来使用的 36 式双联装脚架。MG 42 也可以被安装在强化阵地作为重机枪使用，德国人为此设计了几十款永久性支架，通常还配有保护机枪组员的防盾。而作为重机枪使用的 MG 42，则大多会配备精密的光学设备，例如带分划盘的瞄准具。

1942—1945 年，德国生产了 75 万挺 MG 42。MG 42 强大的杀伤力，有助于"解释"德军于战争后期所展现出的顽强的防御韧性。

在英军"赛马场"行动期间的卡昂西南方，英军一个步兵营于 1944 年 6 月 28 日以靠前部署的两个连队发起突击，而党卫队第 1 装甲掷弹兵团第 6 连则以 4 挺 MG 42 机枪，以持续的火力压制了前进中的敌人，随后迫使对方撤离。随着德军在各条战线大量部署 MG 42 机枪，盟军不得不以各兵种联合并展开旷日持久的消耗战，以抗衡 MG 42 的猛烈火力。

帝国保卫战——战争后期，党卫队 MG 42 机枪组的两名射手，其中看上去年龄较小的一位戴着军帽。他们把机枪架在铁栅栏前方光秃秃、扭曲的树干上，注意套筒上独特而又细长的椭圆形通风孔。

冲锋枪和突击步枪

28 式 9 毫米冲锋枪（MP 28）

德制伯格曼 18 式冲锋枪（MP 18）在第一次世界大战期间出现。这是一款分量轻、尺寸短、易携带的单兵武器，能在短距离内以高射速发射自动火力。20 世纪 20 年代，德国人研发了伯格曼 18 式冲锋枪的改进款，即 28 式 9 毫米冲锋枪（MP 28）。这款武器使用 20 发或 32 发弹匣，装弹时，射手需要把弹匣从左侧插入冲锋枪的水平弹匣插口。MP 28 是一款结构精良、坚固耐用的武器，比后来使用金属冲压的德制冲锋枪（MP 38、MP 40）更结实。但这种设计不可避免地导致 MP 28 的重量更重（达到 5.2 千克），这对经常把冲锋枪抵在胯部进行扫射的人来说可能不是什么好事。

MP 28 是一款 9 毫米口径冲锋枪，这种口径也是此类武器的标准口径。MP 28 配有木制步枪式枪托和钻孔套筒（以此提供风冷，避免因持续射击造成枪管过热），其理论射速为 350—450 发 / 分钟，最大射程为 200 米，但其精确度相对来说不太理想，因此射手通常会选择施以面压制火力，而不是瞄准后的点射。

华沙犹太人区——1943 年 4—5 月，华沙犹太人在隔离区起义后，德国士兵在街头搜查平民。照片里的德国士兵肩头挎着一支 MP 28，注意从枪身左侧插入的弹匣。另外，这款冲锋枪的长度相对较短，只有 82.8 厘米。

MP 28——MP 28 源于伯格曼 18 式冲锋枪，而一战时期的伯格曼 18 式冲锋枪的设计目的，是在短距离内提供高射速火力。

型号：28 式 9 毫米冲锋枪（MP 28）

定型年份：1928 年
口径：9 毫米
自动方式：自由枪机式
重量：4.2 千克[①]
全长：815 毫米
枪管长度：195 毫米
枪口初速：395 米 / 秒
供弹方式：32 发可拆卸式弹鼓[②]
射速：350—450 发 / 分钟 / 分钟
有效射程：70 米

38 式 9 毫米冲锋枪（MP 38）

这款武器是由埃尔福特的埃尔马兵工厂生产的，因此德国军人称之为"埃尔马"，但盟军官兵却把它称为"施迈瑟"。38 式 9 毫米冲锋枪（MP 38）堪称二战期间最优秀的冲锋枪之一。与以往的德制冲锋枪不同，MP 38 是专为廉价大批量生产而设计的。这款冲锋枪大量使用压铸或冲压金属件，其零部件由分包商制造后，会被运往总厂并在工业规模的机床生产线上完成最终组装。制造 MP 38 冲锋枪只需金属和塑料，完全不用木材。

4.1 千克重的 MP 38 冲锋枪采用标准的自由枪机式自动原理，它使用容弹量为 32 发的长方形弹匣，在其弹匣被垂直插入枪管底部的弹匣插口后，插口和弹匣又共同构成了射手的前握把。

---

① 译者注：原文如此。
② 译者注：原文如此。

MP 38——MP 38 没有防止武器被意外触发（例如枪支跌落在地）的保险机构，而改进型 MP 38/40 则填补了这个疏漏。

型号：38 式 9 毫米冲锋枪（MP 38）

定型年份：1938 年

口径：9 毫米

自动方式：自由枪机式

重量：4.1 千克

全长：833 毫米（打开枪托），630 毫米（折叠枪托）

枪管长度：251 毫米

枪口初速：395 米 / 秒

供弹方式：32 发长方形弹匣

理论射速：450—500 发 / 分钟

有效射程：60 米

MP 38 在射击时只能连发，其理论射速高达 450—500 发 / 分钟。实际战术情况下，德军士兵通常会在受限空间（例如巷战中）打出 10—15 发子弹的短连发。MP 38 较为独特的是，其框架式枪托可以被折叠。而稍事改进的 MP 38/40 又被加入一些小小的变化，包括在机柄槽前端添加保险槽。

大批 MP 38 被配发给了步兵师、装甲掷弹兵师的班排长，以及在狭窄空间作业的人员，例如坦克车组。德军伞兵部队后来也列装了这款武器。在服役期间，MP 38 因便于携带，又在狭窄空间易于摆放，而备受好评。

40 式 9 毫米冲锋枪（MP 40）

1940 年夏季，德国人开始制造 40 式 9 毫米冲锋枪（MP 40）。这款武器基本上是 MP 38 的改进型，同样被针对廉价而又快速的批量生产进行了优化。MP 40 的设计要求是，生产过程中只需使用最少数量的异型机床。

MP 40 重 4 千克，发射 9 毫米帕拉贝鲁姆弹，其枪口初速为 390 米 / 秒，射程为 200 米，从这方面看，它的性能与 MP 38 大致相同。

士兵经常抵胯或以卧姿持 MP 40 进行扫射。MP 40 的理论射速高达 500 发 / 分钟，但在真正的战术环境下，以及考虑到弹匣容弹量只有 32 发，其实际射速要低得多。

实际上，MP 40 在战斗中是一款很强力的武器，深受前线士兵欢迎。它和之前列装部队的 MP 38 一样，会主要配发给班长、排长、坦克车组、伞兵。随着战争的持续，MP 40 在德国国防军里愈发普及，武装党卫队在通过秘密渠道弄到大量这种武器后，将其中一部分配备给了党卫队掷弹兵连。

尽管被连续生产了 5 年，但这款武器的基本设计几乎没得到任何修改。这种情况固然是因为德国人不愿影响生产速度，但也从侧面证明了 MP 40 的设计方案的出色。

冬季战局——轴心国入侵苏联的战事出人意料地延续到了 1941 年 /1942 年冬季，德国陆军因此不得不采取各种权宜之策——照片里这群德国步兵穿着临时制作的白色冬季伪装罩衫，左起第二名士兵的肩头则挂着一支 MP 40。

MP 40——图中是一支早期生产的 MP 40，其弹匣插口没有加强凸筋，枪管顶端是一个固体组件。这款武器的折叠枪托，可以在枪体下方从后端向前弯曲，几乎可触及弹匣 / 前握把。

型号：40 式 9 毫米冲锋枪（MP 40）

定型年份：1940 年
口径：9 毫米
自动方式：自由枪机式
重量：4 千克
全长：832 毫米（打开枪托），630 毫米（折叠枪托）
枪管长度：248 毫米
枪口初速：390 米 / 秒
供弹方式：32 发盒式弹匣
理论射速：500 发 / 分钟
有效射程：80 米

　　MP 40 唯一明显的改进是，1943 年时，其枪管上的弹匣插口的光滑表面上被加了几道凸筋。1940—1944 年，大约 40 家分包商和 5 家主要部件厂共生产了 104.7 万支 MP 40。

43 式、43/1 式、44 式 7.92 毫米冲锋枪（MP 43、MP 43/1、MP 44）、44 式突击步枪（StG 44）

　　第二次世界大战后期，德国人首开先河地推出了一款前所未有的武器：全自动突击步枪。20 世纪 20 年代，德国人仔细分析了第一次世界大战中的经验教训。这些经验教训表明，步兵间的大多数交火发生在 500 米距离内，也就是步枪有效射程的一半。德国人据此得出结论，即他们需要一款自动装填步枪，在 250

米—750 米射程内提供快速而又密集的火力。两次世界大战之间，此类武器的研发工作断断续续。但在全面战争的催促下，德国人在 1941—1942 年取得了进展——参考所缴获的苏制托卡列夫自动步枪，推出了不够完善的过渡型产品，即 42(H) 式机关卡宾枪。

德国人后来继续了研发工作，于 1943 年年末终于研发出了 MP 43，这款武器后来被更名为 MP 44，之后又被改为 Sturmgewehr 44（StG 44），也就是 44 式突击步枪。MP 43 是全世界第一款"突击步枪"，而所谓突击步枪，就是高射速、自动装填、弹匣供弹的自动步枪。

MP 43 重 5.22 千克，全长 94 厘米，使用容弹量为 30 发的弧形可拆卸式弹匣，其弹匣也充当前握把。自动装填的 MP 43 发射 7.92×33 毫米短弹，其枪口初速为685 米 / 秒。这款武器的理论射速高达 500 发 / 分钟，但实际战术射速是 120 发 / 分钟。变款 MP 43/1 的枪管顶端安装有旋入式榴弹发射杯，可发射枪榴弹。于 1945 年年初生产的一些后期型 StG 44，还安装有供夜间战斗使用的 1229 型"吸血鬼"红外瞄准具。

MP 43——MP 43 是全世界第一款"突击步枪"。准星后方，从步枪顶部前端向前伸出的小杆是导气箍螺杆。弧形可拆卸式弹匣被垂直插入位于触发机构前方的弹匣槽，同时也充当前握把。

型号：43 式 7.92 毫米冲锋枪（MP 43）

定型年份：1943 年
口径：7.92 毫米
自动方式：导气式
重量：5.22 千克
全长：940 毫米
枪管长度：418 毫米
枪口初速：685 米 / 秒
供弹方式：30 发弧形可拆卸式弹匣
理论射速：500 发 / 分钟
有效射程：300 米

后撤——战争后期，一名穿着不太常见的混搭军装的德国士兵，其胸前斜挎着一支 StG 44。步枪上细长的楔形保险机清晰可见，位于触发机构的稍后方上部。

StG 44——从外表上看，StG 44 几乎与 MP 43 一模一样，但区分二者并不难。StG 44 位于准星前方的枪管顶端更短些，另外，其枪管顶端装有两个紧邻的杯口。

型号：44 式 7.92 毫米突击步枪（StG 44）

定型年份：1944 年

口径：7.92 毫米

自动方式：导气式

重量：5.1 千克

全长：940 毫米

枪管长度：418 毫米

枪口初速：700 米 / 秒

供弹方式：30 发可拆卸式弹匣

理论射速：550—600 发 / 分钟

有效射程：400 米

有资料表明，自 1943 年年底起，44 式 7.92 毫米突击步枪（StG 44）开始被运抵前线，但其始终是一款较为少见的武器。起初，它只被配发给了特定的精锐装甲师辖内一个装甲掷弹兵连的突击排。实际上，各个兵团通常会把久经沙场的老兵调到突击排，组成分队来充分发挥 StG 44 的强大火力。从 1944 年起，更多 StG 44 被配发给了武装党卫队的精锐装甲掷弹兵和掷弹兵师。在当时，像"警卫旗队"和"帝国"师这种党卫队精锐装甲师，其辖内一两个特定的营通常各编有两个配备突击步枪的排，或是一个连，这些部队配有迫击炮，会被作为师属预备队遂行反冲击任务。

例如 1945 年年初，恶名昭著的党卫队第 12 "希特勒青年团" 装甲师，其辖内第 26 装甲掷弹兵团第 2 营的三个连配备了 StG 44。该师当时被部署在东线的匈牙利边境地区，其第 2 营担任师属突击营。"希特勒青年团"装甲师于 3 月 7 日发动进攻，企图扩大格兰河对岸登陆场，其中第 2 营顺利攻往普斯塔镇，而配备 StG 44 突击步枪的连队的猛烈火力，在这场局部胜利中发挥了重要作用。

42式7.92毫米伞兵型突击步枪（FG 42）

在研发MP 43的过程中，德国人决定设计一款类似的、满足伞兵特殊要求的武器，也就是说，这款武器要轻，要易于携带和存放，还要具备强大的火力。他们据此设计出的武器也就是42式7.92毫米伞兵型突击步枪（FG 42）。这款步枪以轻质材料制造，重量只有4.5千克，比StG 44轻了20%多。

FG 42配备有分量较轻的折叠式两脚架，这让它能被作为轻机枪使用。FG 42使用侧插式20发盒式弹匣，射速可达120发/分钟，但作为轻机枪使用的话，它的理论射速高达750—800发/分钟，射程达1200米。

FG 42是一款昂贵而又复杂的武器，再加上德国伞兵兵团越来越多地被作为步兵力量使用，因此它的产量一直不太高，于战争期间只被生产了7100支左右（其中很大一部分被配发给了精锐的党卫队第500、第600突击伞兵营）。1944年5月25日，配备FG 42的党卫队第500营，被空投到共产党游击队领导人约瑟夫·铁托设在德瓦尔附近的山洞指挥部。尽管铁托侥幸逃脱，但在人数上处于劣势的德国伞兵却利用FG 42的火力拖住了游击队，直到德军地面部队赶来支援。

FG 42——值得注意的是，FG 42配有快慢机，其容弹量为20发的可拆卸式盒式弹匣从左侧水平插入，可以清晰看出的是，一发7.92×57mm毛瑟弹已填入枪膛后部。

型号：42式7.92毫米伞兵型突击步枪（FG 42）

定型年份：1942年
口径：7.92毫米
自动方式：导气式
重量：4.5千克
全长：940毫米
枪管长度：502毫米
枪口初速：761米/秒
供弹方式：20发可拆卸式盒式弹匣
有效射程：400米

反坦克武器和手榴弹

"铁拳"反坦克火箭筒

到战争中期，德国陆军认识到，他们迫切需要一种可以被迅速大批量生产的轻型便携式步兵反坦克武器。因此，德国人于1942—1943年年间研发了一款具有革命性的新式武器：低速可弃式空心装药步兵反坦克火箭筒。它的正式名称是"拳弹"，但被德军士兵称为"铁拳"。而空心装药战斗部的发明，更是让德国人研发出尺寸小得多的反坦克弹头。

第一款反坦克火箭筒是30式拳弹（Faustpatrone 30），于1942年年底列装。这是一个非常简单的装置，以一根36厘米长的空心钢管制成，空心装药榴弹可被安装在钢管一端，由钢管中部的爆炸装药提供反向气流，借此抵消后坐力，这样的方式与无后坐力炮如出一辙。最早的30式拳弹，其在发射时产生的反向气流极为猛烈，因此操作它的射手必须与它保持一臂距离，而旁边的士兵也必须小心谨慎，以免被喷向后方的气流喷中。后来生产的拳弹采用细长的身管，射手可以把它夹在腋下使用，这样的方式极大地提高了它的精确度。

30式拳弹的重量只有5千克，但其发射的榴弹能射穿140毫米厚的30度倾斜装甲，足以干掉T-34和KV-1坦克。榴弹在装填时其尾翼会被折叠在榴弹柄上，在发射后其尾翼会弹出以提供飞行稳定性。这款武器最大的缺点是射程有限（只有30米），这就需要勇敢、意志坚定的士兵耐心等待敌坦克逼近，直到目标进入射程。因此，最早的"铁拳"，其战术效用不尽如人意。尽管如此，事实证明这款火箭筒的基本设计是合理的，为后续研发工作创造了可能性。

1943年，德国人研发了60式拳弹（Faustpatrone 60），这款火箭筒的最大射程为60米，是30式拳弹的两倍。随后，100式拳弹（Faustpatrone 100）于1944年列装，这款火箭筒填装的推进剂比60式拳弹的多了一倍，使其有效射程增加到了100米。在战争的最后一年，"铁拳"反坦克火箭筒被大量生产，并被广泛配发给了步兵反坦克部队。"铁拳"反坦克火箭筒的普及，终于让德国掷弹兵得到了他们长期以来一直急需的反坦克能力。因此，在战争的最后两年里，如果没有步兵负责压制携带"铁拳"反坦克火箭筒的德国士兵构成的威胁，那么，盟军装甲力量会比以往任何时候更容易遭受损失。

诺曼底的党卫队士兵——武装党卫队一名掷弹兵，可能隶属"希特勒青年团"装甲师，隐蔽在典型的诺曼沟壑岸堤后方的相对安全处，"铁拳"被摆放在他身旁以随时准备对付敌坦克。

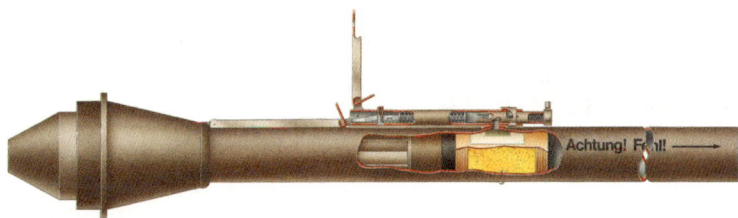

"铁拳"——这具"铁拳"上简陋的瞄准装置垂直竖起，弹簧加压的触发机构被设计在发射管顶部，位于瞄准装置后方。发射管内，战斗部的杆状底部清晰可见，管内还装有推进剂。

型号："铁拳"反坦克火箭筒

定型年份：1943 年
口径：100 毫米
战斗方式：无后坐力炮
重量：1.475 千克
全长：1000 毫米
膛口初速：30 米 / 秒
最大射程：30 米

---

54 式和 54/1 式 "战车噩梦" 反坦克火箭筒

除了使用 "铁拳" 反坦克火箭筒，德国人还研发了 54 式 "战车噩梦" 反坦克火箭筒作为陆军的装备补充。这种手持式武器基本上可以算作是美制巴祖卡火箭筒的加强版，德军在突尼斯首次缴获了对方这种武器，而后经过多次研发才设计完成了这种可以重复使用的反坦克武器。

54 式 "战车噩梦" 反坦克火箭筒是一根直径为 88 毫米的金属管，发射靠尾翼稳定的 3.3 千克空心装药反坦克火箭弹，其膛口初速为 105 米 / 秒。这款武器可发射 4322 或 4992 反坦克榴弹，最大射程可达 150 米。54 式 "战车噩梦" 反坦克火箭筒很容易被生产——它以简单的轻质材料制成，在发射管上装有手枪式握把和简易肩托，其触发机构前方装有一个小小的防盾，防盾左侧有一块小小的、便于射手以防盾掩护自己的、同时又能用于瞄准目标的圆形透明板。54 式 "战车噩梦" 反坦克火箭筒在发射火箭弹时，其向后喷出的尾焰极为猛烈，这会给发

"战车噩梦"——在发射时，54 式 "战车噩梦" 反坦克火箭筒的发射管前端和后端都会喷出大量烟幕，这些烟幕会把发射小组的位置暴露给敌人。因此，发射小组通常会准备几处发射阵地，并在发射后迅速转移到另一处阵地。

型号：54 式 "战车噩梦" 反坦克火箭筒

定型年份：1943 年
口径：88 毫米
战斗方式：固体火箭发动机
空重：9.2 千克
全长：1640 毫米
膛口初速：105 米 / 秒
供弹方式：后膛装填
射程：150 米

射小组带来很大的危险。实际上，许多操作人员为安全起见，在使用它时通常会戴着防毒面具并穿着连体防护服。

这款武器通常由两人组成发射组来操作——先由第一射手端起54式"战车噩梦"反坦克火箭筒瞄准目标，再由第二射手准备好火箭弹，并把它塞入发射管后端再连接引爆线，最后由第一射手再次校准并发射火箭弹。在射姿方面，操作人员除了可采用跪姿和站姿，还可以采用卧姿。

54式"战车噩梦"反坦克火箭筒空重9.2千克，其精确度要优于"铁拳"反坦克火箭筒，而且54式"战车噩梦"反坦克火箭筒可以被重复使用，不需要在使用后就丢弃。54/1式"战车噩梦"反坦克火箭筒是于1944年年底推出的改进型，使用较短的发射管，但只能发射4992反坦克榴弹。

实际上，在战争的最后六个月，德国军队越来越多地依靠配备"铁拳"和"战车噩梦"的小股机动反坦克组去给一路攻入德国腹地的盟军装甲力量带去严重损失。如在1945年4月20日—26日，党卫队多拉Ⅱ反坦克连——该连配备有StG 44突击步枪、大批"战车噩梦"反坦克火箭筒和"铁拳"反坦克火箭筒，以及反坦克地雷——就为德军坚守柏林前方的泽洛高地起到了重要作用。在这场殊死抵抗中，多拉Ⅱ反坦克连声称击毁了125辆敌装甲战车。4月28日，苏军在新齐陶西南方发动猛烈进攻，使该连仅剩的11人悉数阵亡。

铁拳和战车噩梦对比						
	类型	可用性	列装年份	膛口初速	战斗全重	最大射程
铁拳30	空心装药发射器	发射完丢弃	1942—1943年	640米/秒	5.22千克	30米
铁拳60	空心装药发射器	发射完丢弃	1943—1944年	870米/秒	6.8千克	45米
铁拳100	空心装药发射器	发射完丢弃	1944—1945年	785米/秒	6.8千克	62米
战车噩梦	火箭发射器	可重复使用	1943—1945年	755米/秒	11千克	105米

手榴弹

二战期间，德国陆军研发了一系列高爆手榴弹，以便德军士兵在近距离投向敌人。其中卵形手榴弹较为普遍，最常见是24式和39式，后一款的生产从1939年一直持续到了1945年。这种卵形手榴弹长7厘米，宽5.1厘米，可安装延时为4秒、4.5秒、7.5秒、10秒的点火具。

型号：Panzwerwurfmine 反坦克手榴弹

定型年份：1944 年
全长：533 毫米
重量：1.35 千克
装药：0.52 千克 RDX/TNT
破甲深度：150 毫米

型号：39 式手榴弹

定型年份：1939 年
高度：76 毫米
重量：230 克
装药：112 克 TNT
引信延期：4—5 秒
爆炸半径：10 米

德国人还生产了一系列木柄手榴弹，也就是把圆柱形战斗部安装在短而细的圆柱形木柄上，以便士兵投掷得更远。1924 式和 1939 式是这种手榴弹最常见的型号。

德军还曾装备 Panzwerwurfmine 反坦克手榴弹，也就是手抛式聚能装药反坦克手榴弹。这种手榴弹在击中敌军车辆后，会发出一股细细的、可穿透战车装甲板的高速金属射流。为有效发挥其作用，士兵需要让这种手榴弹垂直击中敌军车辆的装甲板。为实现这一点，Panzwerwurfmine 反坦克手榴弹安装了有助于稳定飞行轨迹的帆布翼。可事实证明，在实际战术环境下，绝大多数的士兵都很难做到这一点。

皇家空军回收组——皇家空军地面回收组正仔细检查一架遭击落的容克斯 Ju 88 A 系列轰炸机的残骸，在 1940 年于不列颠战役的激烈交战中，德国人损失了大约 303 架 Ju 88。

第四章

飞机

德军地面部队在战场上赢得战役、战术胜利的能力，在很大程度上要归功于德国空军战斗机中队为夺取局部空中优势而付出的努力。战争初期，在德国人于波兰、法国、苏联所赢得的胜利中，主导天空的德国空军功不可没。

这一点通常是通过"反空战"实现的，即从事此类交战的德国战斗机，在战场上方的天空与盟军战斗机缠斗。同时，德国战斗机还会护送轰炸机编队赶去攻击盟军地面力量或空军基地设施，例如跑道和控制站。

在战争期间，德国战斗机还曾试图扰乱数量越来越多的盟军战略轰炸机对德国本土或欧洲占领区内相关设施的攻击。

战斗机

在 1939—1945 年年间，德国空军投入了大批战斗机来执行此类任务。本章节将介绍四款最重要的战斗机机型：梅塞施密特 Bf 109、Me 110、福克 - 武尔夫 Fw 190、Me 410 大黄蜂。

梅塞施密特 Bf 109 战斗机

在 1937 年西班牙内战期间，梅塞施密特 Bf 109 战斗机首度参战，这是一款下单翼、单引擎、单垂尾的单座战斗机，是二战期间德国战斗机部队的主力机型。1936—1945 年，德国总共生产了 33984 架 Bf 109，这让该机成了航空史上产量最高的几款战斗机之一。除了位于雷根斯堡的梅塞施密特厂，另

外还有六家工厂也曾参与 Bf 109 的生产。尽管 Bf 109 最初被设计为战斗截击机，但它在后期被做了许多改进，拥有战斗轰炸机、夜间战斗机、对地攻击机、侦察机版本。

Bf 109 G-6 战斗轰炸机——这架战斗轰炸机安装有 R-1 工厂改装件，其 ETX500-IXb 炸弹架被安装在起落架之间的机身下部。这套装置能让飞机携带一枚 250 千克的 SC250 炸弹。

1933 年，德国航空部提出要研发一款单座短程战斗机。1935—1936 年，最初三款稍有些不同的 Bf 109 原型机接受了评估性测试。在与竞争对手福克 - 武尔夫、阿拉多公司的产品进行比较之后，Bf 109 赢得竞争，其 A 系列子型号于 1937 年被投入小批量生产。

1937 年，大约 16 架 A-0 型 Bf 109 战斗机跟随秃鹰军团在西班牙参战。B 系列是 Bf 109 被投入量产的第一个子型号，德国人于 1937—1938 年年间共生产了 341 架 B-1。为 B-1 提供动力的是一台输出功率为 492 千瓦的久茂 210D 发动机。

C-1 型 Bf 109 战斗机 1938 年年初列装，搭载久茂 210G 燃油喷射发动机，功率提高到 514 千瓦。这款战斗机强化了机翼，安装四挺而不是两挺 7.92 毫米 MG 17 机枪。1938 年，C 系列的四个衍生型号（C-1 到 C-4）只被生产了 58 架。

D 系列 Bf 109 是二战爆发前的标准量产型号。D-1 搭载久茂 210D 发动机，并在机头和机翼各装有两挺 MG 17 机枪。1938 年，六家工厂共生产了 647 架 D 系列 Bf 109 战斗机。

下一个变款是在 1938 年年末投产的 E 系列，这款衍生型的特点是搭载有功率更强大（809 千瓦）的戴姆勒 - 奔驰 DB601A 发动机，以及大幅度改进和强化的机翼。E-3 型还被加强了机载武器，其每个机翼各安装有两挺 MG 17 机枪和一门 MG FF 机炮。接下来的子型号 E-4 一共被生产了 496 架，装有改进过的 MG FF/M 机炮。在 1940 年夏季的不列颠战役期间，这些早期的 E 系列飞机领导了德国空军的行动，但在此过程中蒙受了严重损失。E 系列的最后一款是 E-7，其设计目的是提供更大的作战半径，这个型号在经过改进后能携带两个外置副油箱。早期的 E 系列飞机航程为 660 千米，而 E-7 的最大航程达到 1325 千米。1938—1940 年，德国总共生产了大约 1196 架 E 型，包括 438 架 E-7。

德国空军列装 Bf 109 的下一个主要型号是 F 系列。F 系列被重新设计的机身有许多光滑、圆润的表面，这样的设计对空气动力的利用率更高。依据空气动力学进行的设计，再加上改进后更省油的发动机，让配备两个副油箱的 F-1 实现了 1700 千米的最大航程。F-1 还装有被重新设计的准椭圆翼尖。在防御武器方面，F-1 型的发动机上方安装有 2 挺同步的 7.92 毫米 MG 17 机枪，其机鼻被安装有一门 20 毫米 MG FF/M 桨毂航炮。

首批出产的 F-1 型 Bf 109 战斗机，在 1940 年不列颠战役尾声经受了战火洗礼。

在 1940 年 8 月—1941 年 2 月，德国总共生产了 208 架 F-1。子型号 F-2 以 15 毫米 MG 151 机炮替代了 MG FF/M。之后的 F-3 到 F-6 型，在搭载功率被增加到了 993 千瓦的 DB601-E 发动机之后，其最高航速提高到了 659 千米 / 小时。F 系列最后三个子型号都弃用了 15 毫米 MG 151 机炮，转而搭载 20 毫米 MG 151/20 机炮。1941 年夏季，轴心国入侵苏联，F 型 Bf 109 战斗机给苏联空军大多已过时的飞机造成了严重损失。

Bf 109 战斗机 G 系列的早期型号（G-1 到 G-4），使用 F 系列基本型稍事改

Bf 109 E-1——在 1940 年德国入侵西方国家期间，赫尔穆特·维克上尉的 Bf 109 E-1 座机隶属第 2 战斗机联队第 1 大队（注意机鼻上的剑徽，其联队红色的 R 字母标在盾形徽章上，代表"里希特霍芬"联队）。

型号：梅塞施密特 Bf 109 E-1

类型：单座战斗机
机长：9.02 米
翼展：9.92 米
机高：3.4 米
最大起飞重量：6600 千克
动力：一台 809 千瓦的戴姆勒 - 奔驰 DB 601N 倒置式 V12 缸活塞发动机
最大航速：507 千米 / 小时
航程：720 千米
实用升限：10500 米
武器：4 挺 7.92 毫米 MG 机枪，外加 4 枚 50 千克炸弹

在亚得里亚海巡逻的 Bf 109 G-6——1943 年，第 27 战斗机联队第 3 大队的 3 架 Bf 109 G-6 战斗机以克里特岛为基地，巡弋在亚得里亚海上空。第 3 大队的队标（一个带黑色十字的白色盾牌）被涂在机鼻处，第 7 中队的白色不规则徽标（里面有一个苹果）被涂在飞机驾驶舱下方。

进的机身。于 1942 年投产的 G-1，是当时第一款使用增压驾驶舱的战斗机，随后出现的 G-3 也采用了增压驾驶舱，这两款飞机都是高空战斗机。G 系列的各个型号都搭载功率被增加到 993 千瓦的 DB605 V12 缸发动机。G-2 和 G-4 没采用增压驾驶舱，担任空优战斗机和战斗轰炸机。

之后的 G 系列拥有从 G-5 到 G-14 的 10 个子型号，其发动机和机载武器都有所加强。例如 G-6，搭载最大输出功率为 1084 千瓦的 DB 605A 发动机，其最大航速为 640 千米 / 小时，装有 3 门 20 毫米 MG 151/20 机炮和 1 挺 13 毫米 MG 131 机枪。从 1942 年起，被部署在西线的 Bf 109 战斗机（从 F 系列到 K 系列），越来越多地被福克 - 武尔夫 190 替代，但在德国本土、地中海、东线，Bf 109 依然是空战主力机型。

Bf 109 最后的变款是 K 系列，于 1944 年年末投产，在战争结束前共被生产了大约 3500 架。这个系列搭载最大输出功率为 1323 千瓦的 DB 605D 发动机，被依据空气动力学而进行了一步改进，其爬升率要优于盟军最新型的野马、喷火、暴风战斗机。Bf 109 应用广泛，效用非凡，可以证明这一点的是，位居前列的 105 名 Bf 109 飞行员，每人都取得了 100 个以上的击落战果，也就是说，他们共击落过大约 15000 架敌机。

Bf 109 年产量统计	
年份	产量
1935—1938 年	1860 架
1939 年	1540 架
1940 年	1868 架
1941 年	2628 架
1942 年	2658 架
1943 年	6418 架
1944 年	14152 架
1945 年	2800 架
合计	33984 架

Bf 109 F-4——这架 Bf 109 F-4 是约阿希姆·马尔塞尤上尉的座机，他于 1942 年 9 月 30 日阵亡在阿莱曼西面，生前曾取得 158 个官方承认的击落战果（曾在一天内取得 14 个）。

梅塞施密特 Me 110 重型战斗机

于 1934—1936 年设计的 Me 110，是一款可载两名机组人员的双引擎单翼重型远程护航战斗机。第一架搭载戴姆勒 - 奔驰 DB 600 发动机的原型机于 1936 年 5 月试飞，其最大航速可达 509 千米 / 小时。率先量产的 B 系列，本应该使用 DB 600 发动机，但因某些技术问题而不得不改用功率较小的久茂 210B 发动机。B-1 的机载武器是两门 20 毫米 MG FF 机炮、四挺 MG 17 机枪，外加一挺向后射击的 MG 15 机枪。于 1939 年入役的 B-1，在波兰战局期间经受了战火洗礼。

东线巡逻——在 1941 年轴心国入侵苏联期间，第 26 驱逐机联队第 9 中队的一架 Me 110 C-1（3U+KK）正率领至少两架 Me 110 飞越波兰维尔诺上空。

接下来被量产的 C 系列，拥有从 C-1 到 C-7 的七个子型号。C-1 的机载武器和 B-1 相同，不过它搭载的发动机是经改进后性能更加可靠的 DB 601A 发动机（最大输出功率为 824 千瓦）。C-3 安装有改进型 MG FF/M 机炮，有 195 架 C-3 曾参与 1939 年的波兰战局。

在 1940 年 5—6 月，即德国入侵西方国家期间，大约有 60 架 B 型和 C 型 Me-110 报废。在 1940 年不列颠战役期间，C-4 首度执行作战任务，这款飞机的驾驶舱安装有装甲板。D 型是 C 型的远程版，这一型的飞机参加了 1940 年春季的挪威战局。不列颠战役过后，最初被投入的 237 架 Me 110（A 型到 C 型）在之后仅存 14 架。从 1940 年的这些战役，尤其是其与盟军最新式战斗机缠斗的表现来看，Me 110 存在严重的缺陷。

德国人接下来研发的是 E 系列——该系列飞机于 1941 年春季投产。这款飞机使用功率更大的 DB 601N 发动机，因而能搭载 1400 千克重的内置和外置炸弹。不过在经历了四个月的生产期后，这款飞机就被 F 系列替代。F-1 安装有经加强的驾驶舱玻璃，使用改进过的 DB 601F 发动机（最大输出功率为 1006 千瓦）。值得一提的是，F 系列曾被计划停产转而去生产 Me 210，不过又因 Me 210 和 Me 110 G 都存在技术问题而得以继续生产。F-1 是战斗轰炸机，F-2 是"一个武装到牙齿的、专门对付轰炸机的平台"，而 F-4 则是夜间战斗机。

在 Me 210 设计项目失败后，Me 110 G 才于 1942 年年末投产。与前几个系列不同，G 系列使用最大输出功率为 1115 千瓦的 DB 605 发动机，其最大战斗航速达 562 千米/小时。G-2 是一款全副武装的驱逐机（Zerstörer），经常执行对地攻击任务，打击敌人的装甲战车，特别是在 1943 年的东线。这个子型号在机鼻处安装有两门 20 毫米 MG 151/20 机炮和 1 挺 MG 817 双联装机枪。

G 系列最具效用的子型号是 G-4。专门作为夜间战斗机而设计的 G-4，装有 FuG 202 或 222 雷达，还可以在工厂或战场上临时安装各种改装件，包括武器、炸弹挂架或雷达。1943 年夏季，配备 G 系列战斗机的航空兵中队被重新部署，作为在昼间对付轰炸机的力量打击美国战略轰炸机，但在此过程中遭受了极为惨重的损失。Me 110 于 1944 年 8 月停产，总共被生产了 6170 架。

Me 110 C-4 和 G-2		
技术数据	C-4	G-2
战斗全重	6700 千克	7790 千克
最大航速	560 千米/小时	595 千米/小时
发动机功率	809 千瓦×2	1085 千瓦×2
功率重量比	0.241 千瓦/千克	0.279 千瓦/千克

Me 110 G-4b/ R3——这架 *Me 110 G-4b/ R3* 夜间战斗机，在机载 *FuG 202/220* "列支顿士登"雷达的机鼻处安装有造型独特的天线。在 1944 年保卫本土领空期间，这架飞机隶属第 5 夜间战斗机联队第 5 中队。

型号：梅塞施密特 Me 110 G-4b/ R3

类型：双座战斗机

机长：12.65 米

翼展：16.27 米

机高：3.5 米

最大起飞重量：6750 千克

动力：两台 1115 千瓦的戴姆勒 – 奔驰 DB 605 倒置式 V12 缸活塞发动机

最大航速：562 千米 / 小时

航程：775 千米

实用升限：10900 米

武器：两门 20 毫米机炮，四挺 7.92 毫米机枪

福克－武尔夫 Fw 190 战斗机

于 1937—1939 年设计的福克 - 武尔夫 Fw 190，其头 5 架原型机在 1939—1940 年接受了全面测试，第五架原型机搭载马力强大的 BMW 801 双排 14 缸发动机（最大功率为 1148 千瓦）。福克 - 武尔夫 Fw 190 的首个量产型号是 A-1，于 1941 年 6 月投产，搭载最大输出功率为 1147 千瓦的 BMW 801-C 发动机。

A 系列搭载的武器，比当时列装的 Bf 109 F 型的更多。A-1 安装有两挺 7.92 毫米 MG 17 同步机枪，其每个翼根上各安装有一挺，另外两挺被安装在机身前部，每个翼根还安装有一门 20 毫米 MG FF/M 机炮。1941 年下半年，A 系列战斗机从法国空军基地出发展开行动，其战斗经历证明，它们完全能击败喷火式战斗机中最新的 Mark Ⅴ 型。不少德国飞行员认为 Fw 190 要稍稍优于 Bf 109。

Fw 190 A-3 是另一个升级机载武器的型号，以威力更大的 20 毫米 MG 151/20E 机炮替代了 A 系列前两款使用的 MG 17 机枪。1942 年后期，数百架 A-1、A-2、A-3 被投入东线。另一个后续子型号是 A-5，其发动机的安装位置被稍稍前移以增加炸弹的最大载荷。1943 年 7 月，德军装甲力量在库尔斯克发动攻势，从 A-1 到 A-5 的 260 架 Fw 190 战斗机为"堡垒"作战提供支援。1943 年 11 月入役的 A-6 是另一个升级机载武器的子型号，用于执行打击盟军重型轰炸机的任务，装有六门 20 毫米 MG 151/20 机炮。

1941 年夏季时的 Fw 190-0——1941 年夏季，纳粹于法国的占领区，第 190 测试中队三架试验型 Fw 190 停在巴黎勒布尔热机场。

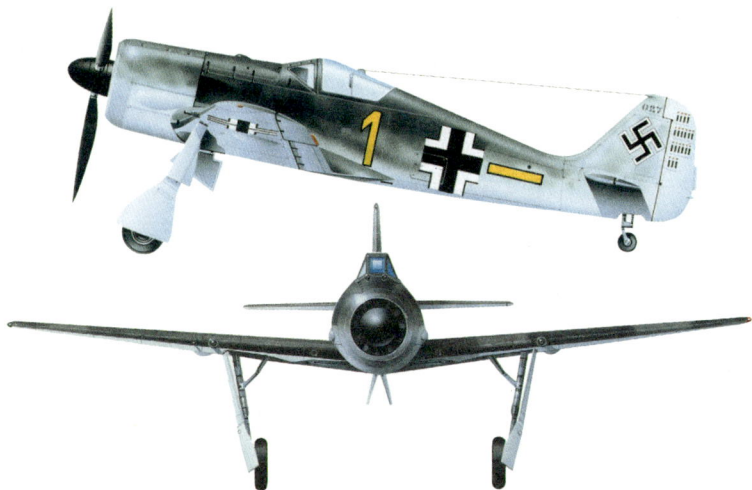

Fw 190 A-1——驾驶这架 Fw 190 A-1 战斗机的是一位经验丰富的飞行员，其机尾的 19 个垂直的战果标志说明了这一点。注意这款飞机的起落架向内倾斜，这种布局很独特，但这样的设计非常典型。

型号：福克－武尔夫 Fw 190 A-1

类型：单座战斗机

机长：8.84 米

翼展：10.5 米

机高：3.96 米

最大起飞重量：4900 千克

动力：一台 1147 千瓦的 BMW 801C 星型活塞发动机

最大航速：624 千米 / 小时

航程：900 千米

实用升限：11400 米

武器：两门 20 毫米机炮，四挺 7.92 毫米机枪

　　1944 年 2 月投产的子型号 A-8，搭载功率被进一步增加到 1456 千瓦的 BMW 801-D-2 发动机，其机载武器的火力与 A-6 相似。在 1944 年夏季的诺曼底战役期间，德国人以 500 架 Fw 190 A 型战斗机为首，发起了夺回制空权的战役，在这场激烈的厮杀中，德国损失近 300 架 Fw 190。1945 年 1 月 1 日，大批德国战机对盟军机场发起了攻击，大约有 380 架 Fw 190 A 系列和 240 D 系列战斗机参加了这场"底板"行动，并在战斗中损失了 62 架 A-8 和 50 架 D-9。从 1941 年到 1945 年 5 月战争结束，德国总共生产了 13291 架 Fw 190 A 系列战斗机。

A 系列战斗机的主要问题是，在飞行高度超过 6000 米后，其作战性能就有所下降。为解决这个问题，福克 - 武尔夫公司于 1943—1944 年研发了 D 系列——采用增压驾驶舱，并安装有一台 DB 603 涡轮增压发动机。D 系列共有 13 个子型号（D-1 到 D-13），其中 D-1 型于 1944 年 9 月入役。这些 D 系列战斗机，有的安装有被进一步改进的发动机，例如 D-11 就搭载被改进过的久茂 213F 发动机。其他子型号则是在机载武器方面有改进，例如 D-11 装有两门 20 毫米机炮、两门 30 毫米机炮，而且 D-13 还安装有第三门 30 毫米机炮。

接下来的量产型号是以 A 系列为基础的 F 系列，但为对地攻击任务做出了些许改进。例如，生产了 432 架的 F-3，机身上装了个外置炸弹挂架，机翼上装了两个外置炸弹挂架。F-9 是 A-9 的变款，装有被重新设计的、凸出的机舱盖，机翼上还装了四个外置挂架。在 1945 年的头四个月，德国人共生产了大约 350 架 F-9。随之而来的是 G 系列，该系列被针对远程战斗轰炸机的对地攻击任务做了优化。这个系列中的大多数都安装有四个外置挂架，可以搭载额外的油箱或炸弹。G 系列各个子型号总共被生产了 1300 架。

福克 - 武尔夫 Ta 152 H 是战争后期 Fw 190 的改进型，德国人打算以这款高空战斗机对付美国 B-29 超级堡垒重型轰炸机。这款机鼻更长、采用增压驾驶舱的战机于 1945 年 1 月入役，它搭载了大量武器，其螺旋桨桨毂安装有一门 30 毫米 MK 108 MK 机炮，翼根安装有两门 20 毫米 MG 151/20 同步机炮。

东线的 Fw 190 战斗机 F 系列——照片拍下的是飞行中的两架 Fw 190 早期型 F 系列的对地攻击款，F 系列安装的外置炸弹架清晰可见。

Fw 190 A-4——这架 Fw 190 A-4 是瓦尔特·诺沃特尼少尉的座机，他可能是最著名的 Fw 190 战斗机驾驶员，他在阵亡前总共取得 258 个击落战果。这些战果中的大多数，是他在第 54 战斗机联队驾驶"屠夫鸟"时取得的。

匈牙利 1942 年，第 2 对地攻击联队的 Fw 190 F-8——这架 Fw 190 F-8 对地攻击机可携带各种炸弹，包括一枚 500 千克的 SC500K 或八枚 50 千克的 SC50J。注意螺旋桨鼻锥上的白色破坏性伪装。

型号：福克 - 武尔夫 Fw 190 F-8

类型：单座战斗机

机长：9 米

翼展：10.5 米

机高：3.95 米

最大起飞重量：4900 千克

动力：一台 1268 千瓦的 BMW 801D 18 缸星型活塞发动机

最大航速：653 千米 / 小时

航程：900 千米

实用升限：11400 米

武器：翼根安装有两门 20 毫米 MG 151/20 机炮，发动机上方安装有两挺 13 毫米 MG 131 机枪，两枚 1800 千克炸弹

在 1939—1945 年战争期间所有活塞式飞机中，Ta 152 是性能最让人刮目相看的一款。它在高空时的最大航速为 755 千米 / 小时，在海平面时的最大航速为 560 千米 / 小时。被交付作战部队的 Ta 152 战斗机数量很少，可能只有 70 架。而且这款战机的列装数量在 1945 年 3 月到达顶峰时也只有区区 16 架。

梅塞施密特 Me 410 重型战斗机（大黄蜂）

绰号"大黄蜂"的梅塞施密特 Me 410 双座重型战斗机，是 Me 210 的改进型，但 Mc 210 的稳定性无法令人满意，因而一直没有投产。双引擎单翼结构的 Me 410，是把硕大的流线型发动机短舱布设在机翼前缘且向前伸出很远，其大型玻璃驾驶舱位于机身前部上方，还配有大大的单垂尾。与 Me 210 相比，Me 410 机身更长，其自动机翼前缘缝翼也被重新设计了。这款飞机在机头部分搭载有戴姆勒 - 奔驰 DB 603A 发动机（最大输出功率被提高到了 1290 千瓦）。这套推进装置让 Me 410 的最大航速达 626 千米 / 小时，最大航程达 2300 千米。1942—1944 年，德国几家工厂总共生产了大约 1160 架各种型号的 Me 410。

Mc 410 被首批量产的是 A 系列，其机鼻安装有两挺 7.92 毫米 MG 17 机枪和两门 20 毫米 MG 151/20 机炮。另外，这个系列的许多飞机还在机身侧面的炮塔内安装有两挺面朝后方的 13 毫米 MG 151 遥控机枪。A-1 作为轻型战斗轰炸机，可携带 1000 千克重的炸弹。这款飞机的最大爬升率相当出色，达到 9.3 米 / 秒。A-3 型是一款装有多部相机的专用侦察机。第二批被投产的 B 系列，安装有两挺颇具威力的 13 毫米 MG 151 机枪作为标准武器。B-1 是标准的重型战斗机。有些 B-1 在机身底部的武器挂架上安装有两门 20 毫米 MG 151/120 机炮，或两门 30 毫米 MK 103 机炮，而经这样改动的 B-1 可以升级为 B-1/U-2 或 U-4。

1943—1944 年，Me 410 的重要任务是对付敌轰炸机。为执行这项任务，一些 Me 410 A 型和 B 型被就地改装，在机身下方的武器挂架上安装有 20 毫米或 30 毫米机炮，经这样改动的机型也会被加上 U-1 或 U-2 的后缀。1943 年的空战证明，Me 410 作为盟军轰炸机"杀手"干得非常出色。但到 1944 年，盟军用于掩护轰炸机的远程战斗机（例如"野马"）数量急剧增加。"大黄蜂"无法在缠斗中与这些战斗机抗衡，这导致德国空军装备 Me 410 的部队遭受到严重损失。整个 1944 年，这种情况日趋严重，剩下的 Me 410 不再执行打击盟军轰炸机的任务，而是被用于夜间侦察。

Me 410 A-2/U2——在 Me 410 A-2/U2 这张左侧视图中，面朝后方的 MG 151 机枪清晰可见——它被安装在机翼后上方，位于机身侧面的炮塔内。这架飞机配有 U-2 转换套件，也就是说可以在腹侧安装两门 MG 151/20 机炮。

型号：梅塞施密特 Me 410 A-2/U2

类型：单座战斗机

机长：12.48 米

翼展：16.35 米

机高：4.28 米

最大起飞重量：9651 千克

动力：两台 1380 千瓦的戴姆勒 - 奔驰 DB 603A 倒置式 V12 缸活塞发动机

最大航速：624 千米 / 小时

航程：1690 千米

实用升限：10000 米

武器：两门 20 毫米 MG 151 机炮；腹侧托盘安装有两门 20 毫米 MG 151 机炮；机鼻安装有两挺 7.92 毫米机枪；面朝后方的炮塔内安装有两挺 13 毫米 MG 151 机枪。

试飞——Me 410 重型战斗机的这个视图，充分说明了这款战机的三个主要特征：硕大的机鼻、可容纳两名驾驶员，宽敞的玻璃驾驶舱、根据空气动力学优化的多个圆形表面。

对地攻击机

空中力量支援地面作战的任务之一是"空中密接支援"，即为遭遇战提供火力加强，这种行动也被称为"对地攻击"。战争初期，对地攻击主要由 Ju 87 斯图卡俯冲轰炸机遂行，但另一些快速轻型轰炸机，例如 Do 17 也执行了这些任务。但随着 1941 年中期东线战事的到来，对地攻击任务的性质发生变化，其重点逐渐转向消灭敌人的装甲战车。

亨舍尔 Hs 123

亨舍尔 Hs 123 是一款单座双翼飞机，作为俯冲轰炸机和密接支援对地攻击机用于战争初期。这款飞机是在 1933—1935 年年间设计的，以满足航空部"列装一款单座双翼俯冲轰炸机"的要求。1935—1936 年，三架原型机接受了全面测试。这些全金属原型机采用"翼半式飞机"机翼，其下翼小于上翼。HS 123 在这些测试中展现出了优异的机动性，能从近乎垂直的俯冲状态中迅速改出。

1941 年/1942 年，在莫斯科前线的 Hs 123 A-1——这架被涂成白色的 Hs 123 A-1 在莫斯科中央战线上空战斗。为适应冬季作战，整架飞机被涂涂上了可作为永久伪装的白色可溶涂料，机身上的黄带是战区标志。

1936 年，试验型 Hs 123 A-0 被少量生产，随后被投产的子型号是 A-1。A-1 使用 BMW 132 Dc9 发动机，其最大输出功率为 596 千瓦，其机鼻安装有两挺 7.92 毫米 MG 17 机枪。这款战机在机身中心线下方携带有一枚 250 千克重的炸弹，还在两个下翼安装有炸弹挂架，每个挂架可携带两枚 50 千克重的炸弹。秃鹰军团列装了五架 Hs 123 A-1，这些战机在西班牙内战中获得实战经验。Hs 123 的航速相对较慢，只有 341 千米 / 小时，这就意味着它能准确地投掷炸弹。另外，这款战机的抗损能力较强，即便多次中弹仍能飞行。

1937 年，第一批 Ju 87 斯图卡俯冲轰炸机入役，因其性能优异，前线服役的 HS 123 A-1 逐渐退居二线。但德国于 1939 年 9 月入侵波兰时，仍有 39 架 Hs 123 在德国空军服役。虽然 Hs 123 并没有体现出最先进的航空技术，但它在波兰执行对地攻击任务的表现非常优秀。这些战机在投掷炸弹方面相当准确，而且多次证明了自身的抗损能力——遭到高射炮火猛烈打击后受损的 Hs 123 仍能飞行。另外，地勤人员大多认为这款战机易于维护，其机械性能也很可靠。

Hs 123 A-1——除了对地攻击任务，少数 Hs 123 A-1 被用于培训飞行员。执行这项任务的飞机，其整个机鼻整流罩通常会被涂成黄色。

型号：亨舍尔 Hs 123 A-1

类型：单座双翼机
机长：8.33 米
翼展：10.5 米
机高：3.22 米
最大起飞重量：2217 千克
动力：一台 596 千瓦的 BMW 132 Dc9 九缸星型发动机
最大航速：341 千米 / 小时
航程：860 千米
实用升限：9000 米
武器：两挺 7.92 毫米机枪；挂架可携带四枚 50 千克的炸弹。

在 1940 年的西方战局和 1941 年春季的巴尔干战局期间，少量仍在服役的 Hs 123 继续发挥十分优秀的战斗力。在 1941—1942 年的东线战场，德国空军一个对地攻击联队以 22 架 HS 123 和 38 架梅塞施密特 Bf 109 E 型投入行动，出动数百架次打击苏军阵地。令人惊讶的是，陈旧过时、数量不断减少的 Hs 123，继续在东线执行对地攻击任务，直到 1944 年才被调离前线，改为执行拖曳滑翔机的任务。

亨舍尔 Hs 129

德国航空部于 1937 年提出要求：研发一款防护性出色的双引擎低空单翼对地攻击机。1939—1940 年，三架 Hs 129 的原型机接受了评估测试。这款飞机以一块"浴缸"式金属板构成机鼻和驾驶舱，驾驶舱的玻璃窗安装有厚厚的钢化玻璃。机身是个不太常见的三角形纵断面。相关测试表明，虽然总体设计较为合理，但这款飞机很难操纵。

第一批 16 架经改进后的 A-1 型于 1940 年夏季投产，搭载阿格斯 As 410 倒置式 V12 发动机，最大输出功率 342 千瓦。这些飞机装有两门 20 毫米 MG151/20 机炮，两挺 7.92 毫米 MG 17 机枪；后期这款飞机在前线改装，以 30 毫米 MK 101 机炮替代了 20 毫米 MG151/20 机炮。A-1 还在机身中线下方安装有四个炸弹挂架，可挂载四枚 50 千克重的炸弹，或 96 枚两千克重的小炸弹。但随着功率更大的发动机推出，这 16 架 A-1 一直没能完工。这些未完工的飞机后来被改为 B-0 和 B-1。

1941 年年底，B-1 型开始列装部队。这些 B-1 的驾驶舱的玻璃区域更大，可有效提高飞行员的观察力。这款飞机使用尼奥梅 - 罗讷 14M 星型发动机，最大输出功率被提高到了 522 千瓦。1942 年年初，这些 Hs 129 B-1 和 Hs 123、Bf 109 E 都在东线加入第 1 对地攻击联队第 1 大队。1942 年 5 月，首批稍事改进的 B-2 型也被编入了该联队。这些飞机可以在前线进行改装，搭载射速更快的 30 毫米 MK 103 机炮。

1942 年的战斗经历明确表明，MK 101 和 MK 103 机炮对付此时到达前线、已升级装甲板的苏军坦克力不从心。因此，一些 B-2 被进行了就地改装，被换上了 37 毫米 BK 3.7 机炮。为适应热带气候，其他在产的 B-2 也有所改进，准备用于北非战局。

Hs 129 B-2/R2——Hs 129 B-2/R-2 对地攻击机的双面视图，飞机上安装有 Rüstatz-2 战地改装套件，搭载两门 20 毫米 MK 103 机炮。机鼻和翼尖涂有黄色装饰，机身后部涂有黄色的垂直竖条，这是战区识别标志。

型号：亨舍尔 Hs 129 B-2/R2

类型：单座对地攻击机

机长：9.75 米

翼展：14.2 米

机高：3.25 米

最大起飞重量：5250 千克

动力：两台 522 千瓦的尼奥梅 - 罗讷 14 缸星型发动机

最大航速：407 千米 / 小时

航程：688 千米

实用升限：9000 米

武器：两门 20 毫米机炮；两挺 7.92 毫米机枪；重型机炮或多挺机枪吊舱；机身下方可挂载多达 250 千克的炸弹。

搭载 40 式反坦克炮的 Hs 129 B-3——这架 Hs 129 B-3 在前部机身下方安装有强大而又笨重的 75 毫米 Bordkanone 7.5 自动火炮，这是德国人在飞机上搭载的口径最大的反坦克武器。这门火炮让 B-3 的飞行充满挑战性。

为抗衡苏军最新的重型坦克，亨舍尔研发了 Hs 129 B-3 型。这款飞机在机身下方的武器吊舱安装有一门强大而又笨重的 75 毫米 Bordkanone 7.5 自动火炮，这门火炮以容弹量 12 发的旋转式弹匣供弹。BK 7.5 是德国人在战机上搭载的最大口径的火炮，但在搭载沉重的、堪称"坦克杀手"的 BK 7.5 火炮后，B-3 会不够稳定，机动性也会变差，而因此导致的火炮的可靠性也存在问题。尽管具备强大的反坦克能力，但德国人还是在 1943 年停产了 Hs 129，把重点转向更加紧迫的项目，例如喷气式战斗机的研发工作。

容克斯 Ju 87 G 斯图卡

到 1942 年年底，Ju 87 已经是一款相当陈旧的战机，G 系列是 Ju 87 最后研发的变款，很快就要与盟军投入交战的最新式战机一较高下。斯图卡 G 系列是专用对地攻击机，主要执行密接支援任务。这种战术任务赋予老旧的 Ju 87 斯图卡新的活力，尽管是暂时的。德国人当时执行对地攻击任务的主力机型是 Hs 129 B，但这款战机很容易遭受敌军火力打击，这种情况为斯图卡 G 系列提供了设计方向。

Ju 87 的 G-1 型于 1942 年年底投产，初产的 20 架于 1943 年春季运抵东线。G-1 和随后的 G-2 在机翼下的吊舱内装有两门 37 毫米 BK 3.7 自动火炮。G-1 是斯图卡 D-3 的改进型，而 G-2 是从斯图卡 D-5 衍生而来。每门 BK 3.7 自动火炮配备两个弹匣，每个弹匣装有六发碳化钨芯穿甲弹。这种火炮把 Ju 87 G 变成威力强大的坦克杀手，但每架飞机只能携带 24 发炮弹，射完后必须重新装填。毫无疑问，强大的反坦克能力让这些战机得到广为流传的绰号——炮鸟。

Ju 87 G-1——这架斯图卡是特奥·诺德曼少校 1944 年在苏联上空驾驶的座机。Ju 87 G 装有两门 37 毫米 Flak 18 机炮，用于对付敌坦克和装甲战车。

型号：容克斯 Ju 87 G-1

类型：双座俯冲轰炸机

机长：11.1 米

翼展：13.8 米

机高：4.24 米

最大起飞重量：6600 千克

动力：一台 1044 千瓦的容克斯 - 久茂 211J 活塞发动机

最大航速：314 千米 / 小时

航程：600 千米

实用升限：8100 米

武器：两门 37 毫米 Bordkanone BK 3.7 自动机炮；一挺 7.92 毫米机枪。

1943 年 7 月，库尔斯克突出部爆发了规模庞大的坦克战，这场"堡垒"作战期间，德国人只有少量斯图卡 G 型"坦克破坏者"可用于交战，但它们还是在这片布满目标的开阔地带击毁大批苏军战车。另外，1943 年下半年，红军发起了一连串攻势，密集的坦克编队向西猛冲，深深楔入轴心国军队防线，期间汉斯 - 乌尔里希·鲁德尔这些经验丰富的王牌飞行员驾驶斯图卡 G 型击毁了红军数百辆战车。1943 年 10 月，鲁德尔取得第 100 个获得确认的击毁敌坦克战果。

1944 年年初，Ju 87 G 被分配给了对地攻击部队，例如第 2 对地攻击联队，并继续给红军装甲战车造成严重损失。例如 1944 年 3 月 23 日，鲁德尔取得第 200 个获得确认的击毁敌坦克战果。1944 年夏季，红军大获全胜的巴格拉季昂进攻战役期间，斯图卡 G 型在武装到牙齿的斯图卡 P-1、P-2 支援下，同样给向西疾进的红军坦克力量造成严重损失。由于 1944 年停产，再加上惨重的战斗损失，到 1945 年春季，仍能战斗的 Ju 87 G 只剩几十架。1945 年 4 月底，幸存的 Ju 87 G 展开最后的行动，力图阻止红军包围柏林的坦克大潮继续前进。

Ju 87 古斯塔夫坦克破坏者——这是一架 Ju 87 Stuka G-1 对地攻击机的正面视图。照片里，机翼下硕大的吊舱内，37 毫米 Bordkanone 3.7 自动火炮的尺寸清晰可辨。

轰炸机

1939—1945 年，德国空军的轰炸机除了为德军地面部队赢得的胜利发挥了至关重要的作用外，还协助了德国海军的作战行动。轰炸机的任务包括战略空袭，打击关键地点（例如城市），从而瓦解敌人的意志。另外，德国空军的轻型、中型轰炸机还遂行反空袭突击，轰炸敌人的机场和相关设施，就像他们于 1940 年 5 月在西方从事闪电战期间所做的那样。

德国空军的轰炸机确保空中优势后，就可以遂行支援地面攻势的任务。其中包括"空中密接支援"，Ju 87 斯图卡为此发挥了关键的作用，另外还有"截击"任务，德国空军的轻型和中型轰炸机打击铁路、公路路口或敌预备队。我们接下来要介绍德国空军最重要的六款轰炸机：Do 17 高速轻型轰炸机和 Do 217 中型轰炸机；He 111 中型轰炸机；He 177 远程重型轰炸机；容克斯 Ju 87 轰炸机；容克斯 Ju 88 轰炸机。

道尼尔 Do 17 高速轻型轰炸机

道尼尔 Do 17 是一款高速轻型轰炸机，由于它的机身又细又长，故而得到了"飞行铅笔"的绰号。从外表上看，道尼尔 Do 17 安装有一对从机身顶部跨过的上翼，以及一对垂直尾翼。视野开阔的机组驾驶舱被设在机身前上方顶部，另一个短舱容纳机鼻。每个机翼的前缘上部都各装有一台发动机。于 1933—1934 年设计的这款飞机，其首架原型机（只有一个垂直尾翼）被定型为 V1，于 1934 年 11 月 23 日首飞。1934—1935 年，V1 和另外两架双垂直尾翼原型机（V2、V3）接受了全面测试。

首个投产的型号是机组乘员 3 人的 Do 17 E-1，于 1937 年列装德国空军。这款轰炸机安装有两台 BMW Ⅵ 7.3D 发动机，携弹量为 250 千克，另外，每个机翼下安装的外置挂架还可以携带 500 千克重的炸弹。Do 17 E-1 平飞时的最大航速 330 千米 / 小时，小角度俯冲可达 500 千米 / 小时。机载武器方面，E-1 装有 2 挺 7.92 毫米 MG 15 机枪，分别位于驾驶舱后部和向前伸出的机身底部。

另一个早期生产的型号是 F-1 远程侦察机，1938 年列装。1938 年 9 月，德国空军共有 578 架 Do 17，主要是 E-1 和 F-1 型，还有几十架 M 型轰炸机和 P 型侦察机。

Do 17 产量最大的是机组乘员 5 人的 Z 系列，这个系列汲取了西班牙内战期间

道尼尔 Do 17 Z-2——1941 年春季，轴心国入侵希腊期间，这架编号 U5+BH 的 Do 17 Z-2 隶属第 2 轰炸机联队第 1 大队。注意第 1 大队的队徽：白色背景下，一只黑鹰抓着枚炸弹。

型号：道尼尔 Do 17 Z-2

类型：四座轰炸机

机长：15.79 米

翼展：18 米

机高：4.56 米

最大起飞重量：9000 千克

动力：两台 746 千瓦的布拉莫 323P Fafnir 九缸星型发动机

最大航速：425 千米 / 小时

航程：1160 千米

实用升限：8150 米

武器：六挺 7.92 毫米机枪；1000 千克炸弹负载。

装弹——1941 年 /1942 年冬季的东线战场，地勤人员使用当地征用或自制的马拉雪橇，为一架 Do 17Z 轰炸机补充炸弹，这架飞机隶属第 3 轰炸机"闪电"联队第 3 大队。

的经验教训，于 1940 年年初列装德国空军。Z 系列安装有重新设计的机鼻，机组驾驶舱加长，以容纳一名后部射手。这个系列主要生产的是 Z-2 型。Z-2 载弹量为 1000 千克，使用重新改进过的、最大输出功率为 746 千瓦的布拉莫 323P-1 发动机。这款轰炸机配备的 20 毫米机炮、13 毫米和 7.92 毫米机枪多达 4—8 门 / 挺，其中两挺从机组驾驶舱两侧射击。

Do 17 其他型号	
J-1，J-2 型	就是搭载 BMW 132F 发动机的 E-2
M 型	搭载布拉莫 323 发动机的中型轰炸机，生产了 200 架
P-1	搭载 BMW 132N 发动机的侦察机，P 系列生产了 240 架
P-2	就是机翼下装有外置炸弹挂架的 P-1
U-1	机组乘员 5 人的探路者型
Z-7	夜间战斗机

在德国于 1940 年 5—6 月入侵西方国家期间，Z-2 首度列装，共有 338 架投入战斗。Do 17 轰炸机 Z 系列还参加了 1940 年夏季的不列颠战役，面对盟军战斗机，遭受了严重损失。1941 年夏季，少量 Do 17 加入轰炸行动，支援轴心国军队入侵苏联的战局。之后，更具效用的 Do 217 轰炸机大批列装，Do 17 逐渐退居二线。Do 17 生产了大约 2139 架，于 1940 年年底停产。

道尼尔 Do 217 中型轰炸机

道尼尔 Do 217 中型轰炸机是 Do 17 航程更远的改进型。这种上置悬臂单翼飞机的翼展更宽，采用双垂直尾翼，载弹量也超过 Do 17。这款轰炸机兼具水平打击和俯冲轰炸能力。1938—1939 年，七架原型机接受了一场漫长的评估测试。

1942 年 3 月，E-2 成为 Do 217 中型轰炸机首批量产的型号。它使用两台 BMW 801L 风冷星型发动机，每个机翼下各装一台，最大航速 535 千米 / 小时。防御武器方面，E-2 装有 1 门 15 毫米 MG 151 机炮，5 挺 MG 15 机枪。E-3 和 E-4 型随后入役，E-3 的特点是升级了驾驶舱的装甲板，而 E-4 没有俯冲刹车。E 系列最后一个型号是 E-5，这款反舰型战机的外置挂架可携带 Hs 293 滑翔炸弹。

Do 217 接下来列装的是 K-1 型，生产了大约 220 架，这款战机针对夜间交战进行了优化。K-1 改进过的防御武器包括三挺双联装 MG 81Z 机枪。K-1 是 Do 217 轰

Do 217 N-2/R22——较为少见的 Do 217 N-2/R22 是一款标准的夜间战斗机，除了机鼻处装有 8 挺机枪外，其机身顶部还安装有四门 70 度斜角、向上射击的 20 毫米 MG 151/20 机炮。

型号：道尼尔 Do 217 N-2/R22

类型：四座轰炸机

机长：18.9 米

翼展：19 米

机高：5 米

最大起飞重量：13700 千克

动力：两台 1380 千瓦的 DB 603A 发动机

最大航速：500 千米 / 小时

航程：1755 千米

实用升限：8400 米

武器：四门 20 毫米机炮；四挺 7.92 毫米机枪固定在前方；四门朝斜上方射击的 20 毫米机炮。

炸机第一款采用 GM-1 一氧化二氮发动机喷射系统的机型，这套装置能把飞机的最大高空速度提高 84 千米。大约 51 架 K-1 改装成 K-2 反舰型，安装有携带 Fritz-X 制导滑翔炸弹——这是世界上第一种"精确制导弹药"——的外置导轨。

Do 217 接下来主要生产的是 M 系列，这个系列通常使用最大输出功率 1287 千瓦的戴姆勒 - 奔驰 DB 603A-1 液冷 12 缸倒置式 V12 发动机。M 系列 1942 年列装，其中大多数用于夜间轰炸任务。道尼尔随后研发了 J 系列和 N 系列夜间战斗机，共生产了 356 架。截至 1943 年 12 月停产，道尼尔生产了 1451 架各种型号的 Do 217。

海因克尔 He 111 中型轰炸机

海因克尔 He 111 是一款双发单翼飞机，低矮的机翼靠前安装，1939—1945 年战争期间，它也是德国空军装备的最重要的战机之一。从外表看，He 111 的后期型号可通过硕大的玻璃机鼻和机身顶部高出机翼的射手炮塔来识别。1935—1936 年，头两架 He 111 原型机接受了严格的测试。

He 111 轰炸机率先投产的是 B-1 型，于 1937 年年初入役。B-1 使用两台 DB 600 发动机，可携带 1500 千克重的炸弹，最大航速 344 千米 / 小时。随后，D-1 型

东线的 He 111 H-16——照片里是一个 He 111 H-16 中队在东线上空飞行。这款飞机搭载两台久茂 211 F-2 发动机，最大输出功率 1000 千瓦，最大航速 434 千米 / 小时。

He 111 H-3——这架海因克尔 He 111 H-3 的编号是 1H+MM，1943—1944 年年间在地中海战区隶属第 26 轰炸机联队，机身后部涂有一道垂直的白条，这是战区标志。机鼻上能看见第 26 轰炸机联队的狮子队标，但被发动机部分遮掩。

型号：海因克尔 He 111 H-3

类型：四座轰炸机

机长：16.4 米

翼展：22.6 米

机高：4 米

最大起飞重量：14000 千克

动力：两台 895 千瓦的容克斯 - 久茂 211D 12 缸发动机

最大航速：415 千米 / 小时

航程：1200 千米

实用升限：7800 米

武器：最多七挺 7.92 毫米 MG 15 或 MG 81 机枪；一门 20 毫米 MG FF 机炮；可携带 2000 千克炸弹。

1937 年年底小批量投产。

下一个子型号是 1938 年推出的 E-1，使用两台最大输出功率为 693 千瓦的久茂 211-A 发动机，这让 E-1 的载弹量增加到 2000 千克左右。随后推出的 F 系列做出重大改进，采用直边而不是椭圆边机翼。He 111 轰炸机 1938 年年底推出的 P 系列，使用 DB 601A 液冷倒置式 V12 发动机，最大输出功率提高到 809 千瓦。推力加大后，P 系列的最大航速也增加到 475 千米 / 小时。这个系列很容易识别，因为它采用了全玻璃机鼻。

He 111 轰炸机的 H 系列于 1939—1941 年年间推出，其中的早期型号（H-1 到 H-10），可以说是生产量最大的子型号。战争爆发时，德国空军有 705 架 He 111，包括 400 架 P 型和大批 F 型、H-1 型；在德国于 1939 年秋季入侵波兰的行动中，这些飞机发挥了至关重要的作用。同样，在德国于 1940 年 5 月以闪电战入侵西欧期间，900 多架 He 111 执行了战略和战役层级轰炸任务，特别是 1940 年 5 月 14 日，He 111 参与了德军对鹿特丹臭名昭著的恐怖轰炸。1940 年夏季的不列颠战役，大约 450 架近期生产的 H-1、H-2、H-3 加入其中，但损失了 242 架。

海因克尔 He 111 的年产量	
年份	年产量
1935—1939 年	1260 架
1940 年	930 架
1941 年	950 架
1942 年	1337 架
1943 年	1405 架
1944 年	756 架
1945 年	2800 架

He 111 轰炸机的 H 系列后期生产的型号（H-11 到 H-20）被加强了防护，并于 1942 年夏季列装。这些飞机被强化了驾驶舱的防弹性能，还被加强了防御武器，包括三挺高射速三联装 7.92 毫米 MG 81Z 机枪。这些后期型号遂行了大量中程轰炸任务，全力支援德军在东线展开的地面行动，例如轰炸苏联的铁路网和工厂。1941 年 /1942 年冬季在杰米扬斯克，1942 年 /1943 年冬季在斯大林格勒（伏尔加格勒的旧称），这些型号都曾临时充当运输机。到 1944 年，许多装备 He 111 的部队已改为执行次要任务。六家德国工厂总共生产了大约 6638 架 He 111。

海因克尔 He 177 "格赖夫"远程重型轰炸机

海因克尔 He 177 是德国空军战争期间列装的唯一一款远程重型轰炸机，性能与盟军的兰开斯特或 B-17 战略轰炸机相似。这款高速双发轰炸机的设计目的是既能执行小角度滑翔轰炸，又能实施水平轰炸。双发 He 177 第一架原型机的型号是 V-1，于 1939 年年底试飞，另外八架稍有些不同的原型机（V2 到 V8），于 1940—1941 年年间接受了全面测试。

He 177 的 A-1 型于 1942 年 1 月投产，也是这款轰炸机重点生产的型号。在接下来的十二个月里，德国人完成了 260 架。和原型机一样，A 系列也装有独特的"鱼

正装载炸弹的 He 177——德军地勤人员正给这架 He 177 A-5 重新装载炸弹，机身前部用白漆标出机名"黑尔加"。

缸"玻璃机鼻。标准型 A-1 使用两台 DB 606"动力系统"发动机，也就是说，每台发动机实际上由两台并排安装在一个引擎舱内的两台 DB 601 发动机构成，这个引擎舱驱动一具螺旋桨。最初的服役经历表明，容纳两台发动机的引擎舱非常紧凑，给维护工作造成严重不便，容易起火燃烧的发动机很快就得到可怕的恶名。

A-3 型于 1942 年 11 月投产，其改进内容是把稍稍修改的 DB 610"动力系统"安装在重新设计的引擎舱内。此外，为便于降低 A-1 在俯仰和偏航方面的不稳定状态，A-3 还被加长了机身。后期生产的 A-3，安装有重新设计后扩大的后方炮塔。

改进过的 A-5 型于 1943 年 12 月投产，同样是重点生产的机型。A-5 采用加强的机翼，加长的机身，缩短的起落架支柱，最大航速 565 千米 / 小时，最大实用升限 8000 米。A-5 装有两门 20 毫米 MG 151 机炮，外加四挺 13 毫米 MG 131 机枪，一挺 7.92 毫米 MG 81 机枪。这款轰炸机的内置载弹量为 6000 千克，外部还可以挂载 7200 千克重的炸弹。

1942—1944 年，海因克尔公司研发了"格赖夫"的四引擎型号，也就是 B 型。这款轰炸机在加长的机翼上安装有四台 DB 603 发动机，三架原型机于 1943—1944

He 177 A-5/R2 "格赖夫"——这架 He 177 A-5/R2，1944 年隶属第 40 轰炸机联队第 4 中队。A-5/R2 加强了机载武器，安装的机枪和机炮不下七甚至八门 / 挺。

型号：海因克尔 He 177 A-5/R2 "格赖夫"

类型：六座轰炸机

机长：22 米

翼展：31.44 米

机高：6.67 米

最大起飞重量：32000 千克

动力：两台 2133 千瓦的戴姆勒 - 奔驰 DB 610 发动机，每台发动机由一对戴姆勒 - 奔驰 DB 605 发动机构成。

最大航速：565 千米 / 小时

航程：1540 千米

实用升限：8000 米

武器：三挺 7.92 毫米 MG 15 或 MG 81 机枪；三挺 13 毫米机枪；两门 20 毫米 MG FF 机炮；可携带 7200 千克炸弹。

年年间试飞。但德国人于 1944 年 7 月推出"紧急战斗机计划",终止了 He 177 B 项目的一切后续研发工作。1944 年年初,德国人对伦敦发动战略轰炸,也就是"小闪电战"行动,大约 18 架 He 177 A-3 和另外 456 架轰炸机参与其中。德军在这场行动中损失了 329 架飞机,由于提速较快,只有两架 A-3 被敌人的火力击落,但这款轰炸机发动机起火的情况时有发生。此后,由于油料严重短缺,配备"格赖夫"的轰炸机中队在战争剩下的日子里被迫停飞。

He 177 的产量		
型号	产量	生产期
A-0	15 架	1941 年年底
A-1	260 架	1942 年 1 月—1943 年 1 月
A-3	1234 架	1942 年 11 月—1944 年 6 月
A-5	701 架	1943 年 12 月—1944 年 8 月
总计	2210 架	

容克斯 Ju 87 轰炸机

全金属制成的 Ju 87 单翼俯冲轰炸 / 对地攻击机总是被称为斯图卡,这个名字源于 Sturzkampfflugzeug(俯冲轰炸机)。斯图卡结合了几个独有的特点。首先,它采用弯曲的倒鸥翼——机翼从机身向下倾斜整个机翼的三分之一长度,然后再朝翼尖倾斜。另一个与众不同的特点是,固定式起落架轮上方硕大的整流罩,这种设计的目的是减小阻力。Ju 87 还安装有很大的玻璃驾驶舱,采用传统的单垂尾布置。我们在上文介绍了斯图卡最后一个系列,也就是 G 系列对地攻击机。

双座型 Ju 87 的研发工作,可以追溯到容克斯 1927—1934 年年间的试验性设计。1935—1937 年,7 架 Ju 87 原型机和 20 架 A-0 型样机接受了全面测试。之后,Ju 87 的 B 系列 1937 年量产。B 系列搭载一台容克斯 - 久茂 211D 倒置式 V12 发动机,安装在机鼻处的这台发动机,最大输出功率 882 千瓦。双座型 B-1 可携带 500 千克重的炸弹,机身和起落架都是重新设计的。二战爆发时,德国空军列装了 336 架 Ju 87 B。

Ju 87 D 型 1940 年 2 月投入批量生产,这款飞机的驾驶舱有所改进,还在后部防御位置安装有一挺双联装 MG 81Z 机枪。D 型搭载久茂 211J 发动机,最大输出功率增加到 1045 千瓦,这让 D 型的有效载荷达到 1800 千克。斯图卡最后一个变款是效用不凡的 G 系列对地攻击型,1943 年 4 月列装。G 系列安装有两门 37

毫米自动反坦克炮，每个机翼下各一门。事实证明，Ju 87 G 是个威力强大的"坦克杀手"，德国斯图卡王牌汉斯-乌尔里希·鲁德尔驾驶这款战机击毁519辆敌坦克。但德国空军1943年年底得出结论，斯图卡过于脆弱，很难在东线的空战中生存下来，因而决定逐步停产。1935年到1944年年初，四家德国工厂总共生产了大约6507架斯图卡。

德国人大获成功的闪电战初期（1939—1941年），德国空军列装的斯图卡卓有成效地遂行了空中密接支援任务，及时为地面遭遇战提供火力支援。斯图卡的起落

斯图卡在地中海上空巡逻——两架 Ju 87 R-2 远程型飞越地中海沿岸；B-2 这种变款使用久茂 211-A 发动机，每个机翼下各携带一个 300 升的副油箱。

架上装有警报器，俯冲时发出剧烈的哀号，给敌军地面部队造成严重的心理影响。二战初期，斯图卡还在沿海水域执行反舰任务。但由于航速缓慢，机动性欠佳。斯图卡需要战斗机强有力的掩护才能有效运作。东线战场，从 1943 年春季起，Ju 87 最后的变款 G 系列用于对地攻击任务，打击红军的装甲战车，例如 1944 年夏季红

军发动巴格拉季昂进攻战役期间就是如此。1945 年 4 月下旬，Ju 87 G 展开最后的
行动，力图阻止包围柏林的红军坦克大潮继续前进。

*1942 年北非战场的 Ju 87 D-1/Trop——Ju 87 D-1 除了加强防御火力，大幅度增加载弹量外，还在内翼下方
安装有两台冷却液散热器，机油冷却器也移到机鼻下方的"下颌"部。*

型号：容克斯 Ju 87 D-1

类型：对地攻击机

机长：11.5 米

翼展：13.8 米

机高：3.9 米

最大起飞重量：6600 千克

动力：一台 1044 千瓦的容克斯 - 久茂 211J-1 倒置式 V 型活塞发动机

最大航速：410 千米 / 小时

航程：1535 千米

实用升限：6100 米

乘员：2 人

武器：3 挺 7.92 毫米机枪；最大载弹量 1800 千克。

容克斯 Ju 88 轰炸机

　　Ju 88 是一款双引擎单翼机，采用传统的单垂尾设计，机翼前下置，早期型号还
采用全玻璃机鼻。Ju 88 最初设计成高速轻型轰炸机，后来又改为中型轰炸机，这种
通用性设计修改后，可以生产夜间轰炸机、夜间重型战斗机、侦察机。1936—1939 年，

Ju 88 高速轰炸机五架不同的原型机接受了漫长的评估测试。后两架与前三架的不同之处在于，速度较慢的中型轰炸机改进后，也能实现俯冲轰炸功能，它们装有加强的机翼和俯冲刹车，由四名而不是三名乘员操纵。

Ju 88 轰炸机 1939 年列装的首个型号是 A-1，但诸多技术问题导致这款飞机的初期生产断断续续。A 系列轰炸机参加了 1940 年的西方战局，主要遂行俯冲轰炸任务，这款轰炸机还参与了不列颠战役。

德国人随后研发的重要变款是 Ju 88 C 战斗轰炸机 / 重型夜间战斗机，1941 年推出。头 20 架 C-1 是以 1940 年中期的 A-1 改进而成。与 A 系列不同，C 系列采用全金属机鼻，装有 1 门 20 毫米 MG FF 自动机炮，3 挺 7.92 毫米 MG 17 机枪。从 1942 年起，大批 Ju 88 C-1/C3 以法国为基地，在比斯开湾执行反舰和护航任务。1942—1944 年，这些 Ju 88 取得 108 个确认的空战战果，但在此过程中损失了 117 架。

Ju 88 A-5——这架 Ju 88 A-5 轰炸机隶属第 30 轰炸机联队，是以现有的 A 系列平台加以改进，如机翼加长，以及搭载两台改进过的久茂 211 H-1 发动机。

型号：容克斯 Ju 88 A-5

类型：三座轰炸机
机长：15.58 米
翼展：20 米
机高：4.85 米
最大起飞重量：14000 千克
动力：两台 1000 千瓦的容克斯 - 久茂 211 型 12 缸发动机
最大航速：433 千米 / 小时
航程：2250 千米
实用升限：8200 米
乘员：3 人
武器：6 挺 7.92 毫米 MG 81 机枪；最大载弹量 3000 千克。

Ju 88 G-1——这架 *Ju 88 G-1* 隶属第 *2* 夜间战斗机联队第 *7* 中队。机组人员 *1944* 年 *7* 月 *12* 日 */13* 日夜间迷航后，意外地降落在英国伍德布里奇的皇家空军机场。这架飞机为英国人提供了宝贵的情报。

Ju 88 最后的夜间战斗机变款是 R-1 和 R-2，两款战机搭载两台 1147 千瓦的 BMW 801L 风冷 14 缸发动机，或两台 BMW 801G-2 发动机。

Ju 88 的 G 系列是第一款全新设计的夜间战斗机，采用彻底重新设计的机身。这款战机载有雷达系统和天线，通常把 FuG 220 雷达和八偶极子天线装在机鼻内。例如，G-6 搭载两台久茂 213A V12 发动机，机身上部安装有 2 门倾斜 70 度的 20 毫米 MG 151/20 机炮。

夜间战斗机变款——C 系列最主要的子型号是 C-6 夜间战斗机，1942—1943 年生产了 900 架。C-6 可通过突出的马特拉策 32 偶极子天线加以识别，这款天线从机鼻伸出，以支持 FuG-202 利希滕斯坦 BC 低甚高频段拦截雷达。但后期的 C-6 为 FuG-220 甚高频段雷达配备了大型八偶极子"鹿角"天线。

Ju 88 P 是一款改进过的机型，专门用于执行对地攻击和空中反轰炸机任务，在 C 系列的机身上装了个全金属机鼻。40 架出产的 P-1，在机身下部的吊舱里装了门 75 毫米半自动火炮。另外，P-2 和 P-3 型在机腹吊舱搭载一门双联装 37 毫米自动火炮。P 系列最终推出的 P-4 型，在机腹吊舱装了门 50 毫米自动火炮。

喷气式飞机

战争进行到后半期，德国空军表示，希望以新一代高速喷气式飞机，在欧洲上空的战斗中夺回战略主动权。1939—1944 年，德国空军利用从备受重压的战时经济中分配到的大量资源，研发出了完全可以使用的涡轮喷气发动机、火箭发动机和适用的机体。

我们在这一节要介绍五款最重要的喷气式飞机：梅塞施密特 Me 262 和海因克尔 He 162 涡轮喷气式飞机；阿拉多 Ar 234 涡轮喷气式轰炸机／侦察机；梅塞施密特 Me 163 和巴赫姆 Ba 349 火箭动力截击机。战争结束前，这些设计只有少数付诸实现。由于油料短缺，飞行员和地勤人员缺乏训练，再加上合适的跑道和机场设施不足，给喷气式战机发挥效用造成严重妨碍，另外，盟军采用了精明的战术，趁德国人的喷气式战机起飞或降落时施以打击，也给这些新式战机造成很大的麻烦。因此，尽管这些喷气式飞机的研发耗费了大量资源，但只击落大约 700 架盟军飞机。

梅塞施密特 Me 262 喷气式战斗机／战斗轰炸机

从外表看，梅塞施密特 Me 262 采用了光滑的流线型机身和一对后掠翼，每个机翼下都有个大型圆柱形引擎短舱，装有涡轮喷气发动机。Me 262 第一架原型机 1941 年 4 月首飞，但搭载普通的活塞发动机，这款飞机专用的容克斯 - 久茂 004 涡轮喷气发动机的研发工作落后于计划。Me 262 第三架原型机 V3 终于安装有涡轮喷气发动机，于 1942 年 7 月 18 日首飞。

1944 年夏季，拉格莱希费尔德试验场上的 Me 262 A-1a——1944 年夏季，飞行员弗里茨·米勒驾驶的 Me 262 A-1a（WNr 170059），隶属第 25 测试指挥部，停在奥格斯堡南面的莱希费尔德或莱普海姆空军基地。

搭载 50 毫米毛瑟火炮的 Me 262 A-1a/U4——这架 A-1a/U4 "轰炸机杀手" 非常罕见，因为 1944 年春季，莱希费尔德空军基地只改装了两架。这架战机的机鼻处安装有一门 50 毫米长身管 Mk 214a 自动火炮，是 Pak 38 式反坦克炮的衍生型号。

Me 262 A-1a——这架 Me 262 A-1a "黄 8"（WkNr 112385）隶属第 7 战斗机联队第 3 中队，1945 年 4 月 15 日在斯滕德哈尔附近一座空军基地被美军地面部队缴获。

型号：梅塞施密特 Me 262 A-1a

类型：单座战斗机

机长：10.61 米

翼展：12.5 米

机高：3.83 米

最大起飞重量：6775 千克

动力：两台容克斯 - 久茂 004B-1 涡轮喷气发动机，最大推力 880 千牛顿。

最大航速：870 千米 / 小时

航程：845 千米

实用升限：11000 米

武器：四门 30 毫米机炮

Me 262 B-1a/U1 夜间战斗机——这架 Me 262B-1a/U1 作为夜间战斗机，被分配给第 11 夜间战斗机联队第 10 中队，该联队更出名的称谓是"韦尔特突击队"。这架"红 12"曾从马格德堡附近的布尔格出发执行任务。

　　Me 262 最初被设计为战斗机，希特勒曾于 1943 年夏季要求把这款战机研发成轻型对地攻击战斗轰炸机。除了战斗机和战斗轰炸机款在机鼻处安装的四门 30 毫米 MK 108 机炮，Me 262-A-2a "海燕"战斗轰炸机还可以搭载 500 千克重的炸弹。两款 Me 262 的后期型还配备 24 发 R4M 火箭弹。

　　由于久茂 004 发动机遇到些初期问题，Me 262 的战斗机款 A-1a "燕子"明显延误，直到 1944 年年底才列装德国空军。德国人于 1944 年 6 月量产这款战斗机，并在当月就生产了 28 架，在接下来两个月又生产了 79 架。尽管装备部队的时间较晚，但 Me 262 可能是当时最先进的作战飞机。它的战斗机款搭载两台久茂 004B 发动机，机鼻处装有四门 30 毫米 MK 108 机炮。功率强大的涡轮喷气发动机，让 Me 262 A-1a 战斗机的最大航速达到 870 千米 / 小时。早期的久茂发动机使用寿命较短，动辄需要大修。"燕子"载有大约 2000 升燃料，但由于油耗惊人，这些燃料只够它飞行 60~80 分钟。

Me 262 王牌飞行员海因茨 16 个得到确认的战果	
机型	战果数
B-24 轰炸机	2 架
B-26 轰炸机	3 架
P-47 战斗机	7 架
P-51 战斗机	4 架

　　"燕子" 1944 年 8 月首度参战，隶属诺沃特尼突击队，该突击队声称当月击落 18 架盟军飞机，自身损失 6 架 Me 262。1944 年 10 月，"海燕"首度参战，跟随第

51 轰炸机联队执行对地攻击任务。

1945 年春季，越来越多的 Me 262 到达作战机场。的确，尽管面临巨大的挑战，但备受重压的德国战时经济还是赶在战争结束前生产了 1400 架 Me-262。不过，由于严重的运输问题，实际上只有 300 架 Me 262 投入到打击盟军的战斗中。当年 3 月，德国人调集大批可用的 Me 262，首次发动大规模进攻。例如 1945 年 3 月 18 日，37 架 Me 262 攻击 1221 架轰炸机组成的编队，对方获得 627 架战斗机掩护，Me 262 击落 12 架轰炸机，自身损失 3 架。

不过，盟军巧妙的战术应对，导致 Me 262 的总体效用大打折扣。盟军战斗机会趁 Me 262 起飞或降落时，也就是对方无法发挥喷气式战斗机的技术优势之际发起攻击。尽管如此，300 架可用的 Me 262 还是证明了自身的效用，德军飞行员声称共击落 542 架盟军飞机，在此过程中，他们至少损失了 120 架 Me 262。

梅塞施密特 Me 163 "彗星" 火箭动力战斗机

梅塞施密特 Me 163 的研发工作可以追溯到 1940 年。1941 年，"彗星" 首架原型机 V1 作为无动力滑翔机试飞，随后，V1 搭载了功率强大的瓦尔特 HWK 火箭发动机，最大航速达到惊人的 960 千米 / 小时。1941 年 10 月 2 日，"彗星" 第四架原型机 V4 在佩内明德试飞期间，成为历史上首架突破 1000 千米时速障碍的飞机。

梅塞施密特 1941 年完成 5 架原型机（V1 到 V5）后，又制造了 8 架 Me 163 A-0，供进一步测试使用。A 型采用两轮小车式起落架。1943 年下半年，EK16 测试中队使用这 8 架 A-0 进行了大量试飞。相关测试表明，Me 163 A-0 的设计没有为量产加以优化，因此，稍事改进、更易于生产的变款 Me 163 B 应运而生。

Me 163 B 首批生产的是 30 架 B-0 试产型，配备 4 门 20 毫米 MK 108 机炮。战争结束前，德国总共生产了大约 400 架 B 系列。Me 163 B 搭载不同的动力装置：瓦尔特 109-509A-2 火箭发动机。这台发动机使用的燃料，是以三份高度可燃的过氧化氢氧化剂（T-Stoff）与一份甲醇肼（C-Stoff）混合而成。这些物质存放在单独的油箱里，以防自燃，T-Stoff 油箱位于机身中部上方，飞行员头部后方，C-Stoff 油箱在机身上方更靠后处，就在垂直尾翼前面。可惜，就算 Me 163 B 带足氧化剂和推进剂，飞行时间也只能持续 8 分钟多一点，因此，这款技术非常领先的飞机，在战术方面受到限制，只能充当点防御截击机。1944 年 7 月 6 日，一架"彗星"B 型创造了时速 1130 千米的非正式世界纪录，这个纪录直到 1947 年才被打破。

　　1944 年 1—4 月，部署在德国西北部奥尔登堡附近的 EK16 测试中队，反复测试了第一架 B-0 样机。1944 年 5 月，一架 B-0 原型机首次执行战斗任务。"彗星"战斗机通常成对发动攻击，飞行员以极快的速度朝盟军轰炸机编队俯冲，同时开炮射击，爬升后重复这个战术，然后飞回基地。1944 年夏季，第 400 战斗机联队成为首个列装"彗星"的作战部队。该联队驻扎在莱比锡附近，1944 年 8 月 24 日，他们配备的 42 架 B1-a 截击机，击落了首批 B-17 飞行堡垒轰炸机。

　　由于飞机数量不够，油料短缺，训练有素的飞行员和地勤人员不足，再加上盟军频频打击布兰迪斯空军基地，这一切限制了第 400 战斗机联队 Me 163 执行战斗任务的架次。另外，性能惊人的 Me 163 很难操作，需要驾驶员拥有高超的驾驶技巧，而战争后期的德国飞行员缺乏这种素质。总之，"彗星"出动的战斗架次导致盟军损失了 9—17 架飞机，盟军的作战行动击落 10 架 Me 163，而 Me 163 更多的损失是训练、战斗期间的事故或结构损坏造成的。

1944 年夏季，巴德茨维什安机场上的 Me 613 B-1a——1944 年夏季，一架 Me 613 B-1a 从德国西北部奥尔登堡的巴德茨维什安空军基地起飞。这款稍事改进的机型，采用更符合空气动力学的机翼，最大时速更加接近马赫数。

Me 163 B-1a——这张图能清楚地看出 Me 163 B-1a 粗短的轮廓，注意机身上部小小的白色 T 和黄色 C 标志，表明了单独摆放的 T-Stoff 和 C-Toff 的位置。

型号：梅塞施密特 Me 163 B-1a

类型：单座战斗机

机长：5.7 米

翼展：9.3 米

机高：2.5 米

最大起飞重量：4309 千克

动力：一台瓦尔特 HWK 109-509A-2 二元推进剂液体燃料火箭发动机，最大推力 14.71 千牛顿。

最大航速：900 千米 / 小时

航程：飞行 7.5 分钟

实用升限：12000 米

武器：两门 30 毫米莱茵金属 - 博尔西格 MK 108 机炮，每门备弹 60 发。

海因克尔 He 162 "蝾螈" 喷气式战斗机

　　德国人在 1944 年时意识到，无论他们的技术能力如何，Me 262 和 Me 163 这些精密的喷气式战斗机消耗了大量宝贵的资源、熟练的技术劳动力、复杂的机械设备。很长一段时间内，备受重压的德国战时经济只能少量生产此类复杂的武器，永远不会有足够的 Me 262 和 Me 163 喷气式战斗机夺回德国上空的战略主动权。德国最高统帅部据此得出结论，他们需要一款结构简单、易于批量生产、容易驾驶的轻型喷气式战斗机。1944 年 7 月德国利用 "紧急战斗机计划" 展开一场竞赛，希望得到符合上述要求的最佳设计。就这样，德国人于 1944 年夏季研发了一款简单的喷气式截击机，靠半熟练工就能轻而易举地生产，耗费的资源也很廉价。随之出现的机型是海因克尔 He 162 "蝾螈"，但更通俗的称谓是 "人民战斗机" 或 "麻雀"。

1945 年 5 月，隶属第 1 战斗机联队第 3 中队的 He 162 A-2——这架编号"白 23"（WkNr 120222）的 He 162 A-2，隶属第 1 战斗机联队第 3 中队队部，其机身上表面被涂成浅绿色（RLM 82），下表面被涂成白蓝色（RLM 76）。

从外表看，这款战斗机有个小小的圆形机鼻，流线型机身，粗短的前掠式后缘机翼安装在机身较高处，还装有又宽又薄的 H 型垂直尾翼。硕大的 BMW 003E 涡轮喷气发动机装在机身顶部，就在驾驶舱后面，这个大体呈圆柱形的引擎短舱，直径堪比飞机机身。但这款轻型飞机携带的燃料只够飞行 30 分钟。He 162 还安装有传统的可伸缩式"三轮车"起落架，一个机头前轮，机身下部外侧各有一个机轮。

经过极其仓促的研发工作，两架 He 162 原型机 1944 年 10 月生产。1944 年 12 月 6 日，He 162 首次试飞，这么短时间内就能实现这一点，实在让人刮目相看。但相关测试暴露出翼尖不稳定、使用强酸性胶水导致木材容易腐烂等问题。虽说这些问题让人担心，但德国人稍稍改进后，还是着手生产另外两架原型机。加强稳定性至关重要，为此，德国人采用了下垂式翼尖。1945 年 1 月中旬，两架原型机接受进一步测试。

1945 年 1 月，A-2 型战斗机投产，首批 46 架飞机于当月被匆匆运往雷希林的 EK162 测试中队，接受后续测试。德国人匆匆把 He 162 的生产设施部署在三个地点：萨尔茨堡、欣特布吕尔、"多拉"中心建筑地下奴工工厂。他们定了一个雄心勃勃的产量目标，想要每个月要完成 1000 架，可最终只生产了 300 架，交付作战部队的只有 50 架。

He 162 A-2 量产型，在机鼻处装有两门 20 毫米 MG 151/20 机炮。几周内，雷希林的许多飞机交付第 1 战斗机联队第 1 大队，驻扎在柏林附近帕尔希姆的这个大队，3 月下旬成为首支列装 He 162 的作战部队。他们即将投入作战行动时，战斗力却遭到严重破坏，4 月 7 日，134 架 B-17 飞行堡垒发起空袭，重创帕尔希姆空军基地。

He 162 A-2——飞行员埃里希·德穆特驾驶的这架 He 162 A-2（WkNr 120074）隶属第 1 战斗机联队，于 1945 年春末停在德国与丹麦边界附近的勒克机场。垂直尾翼上标出德穆特的 16 个击落战果，但这些战果是他过去驾驶非喷气式战斗机取得的。

型号：海因克尔 He 162A-2

类型：单座战斗机
机长：9.05 米
翼展：7.2 米
机高：2.6 米
最大起飞重量：2800 千克
动力：一台 BMW 003E-1 或 E-2 轴流式涡轮喷气发动机，最大推力 7.85 千牛顿。
最大航速：海平面 790 千米 / 小时，6000 米高度 840 千米 / 小时
航程：975 千米
实用升限：12000 米
武器：两门 20 毫米 MG 151/20 自动机炮

接下来六天，第 1 战斗机联队第 1 大队迁到石勒苏益格 - 荷尔斯泰因西部，靠近丹麦边境的勒克机场。第 2 大队也开始在罗斯托克练习操作 He 162。4 月份下半月和 5 月初，第 1 战斗机联队出动了几十个战斗架次，击落 5 架盟军飞机。在此过程中，盟军击落 2 架"蜥蜴"，另外 11 架由于结构性故障、发动机熄火或事故而损失。盟军战后的测试表明，要是把 He 162 交给训练有素的飞行员，并派专业人士维护的话，这款战机本来能成为非常有效的截击机。

巴赫姆 Ba 349 "毒蛇" 火箭截击机

德国人在 1944 年设计的巴赫姆 Ba 349 "毒蛇"，是他们在战争的最后阶段研发的喷气式飞机中最不为人所知的一款。值得一提的是，"毒蛇"是世界上第一款垂直起飞的火箭动力截击机。

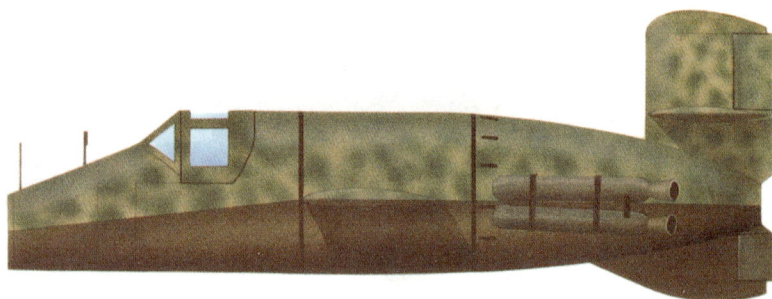

巴赫姆 Ba 349B-1——图中能看出巴赫姆"毒蛇"结构简单、易于生产的设计特点。机身后部，硕大的 T 形尾翼前面，施米丁 SG-34 助推火箭清晰可见，每侧各安装两支。

型号：巴赫姆 Ba 349B-1

类型：单座战斗机

机长：6 米

翼展：4 米

机高：2.25 米

最大起飞重量：2232 千克

动力：一台瓦尔特 HWK 109-509C-1 双燃料火箭发动机，主燃烧室最大推力 11.2 千牛顿，辅助燃烧室最大推力 2.9 千牛顿。

最大航速：5000 米高度 1000 千米 / 小时

航程：攀升到 3000 米高度后可飞行 60 千米

实用升限：12000 米

武器：24 枚 73 毫米亨舍尔 Hs 297 "热风" 火箭弹

作为一款单座点防御飞机，"毒蛇"的设计非常简单（该机大量使用木质材料，且仅在驾驶舱周围配备了装甲），半熟练工使用简单的机械工具就能生产。从外表上来看，"毒蛇"有着粗短的圆柱形机身和 T 形尾翼。

"毒蛇"搭载瓦尔特 HKW 109-509C-1 双燃料火箭发动机，外加四支施米丁 SG-34 固体燃料助推火箭。它以惊人的速度（1000 千米 / 小时）垂直起飞，凭借自动驾驶仪迅速攀升到 9000 米高度，这时，飞行员接手操控飞机，直到他找到敌轰炸机编队。以 800 千米 / 小时的速度飞行时，飞行员只有 4 分钟时间找到敌机，否则就会耗尽燃料。逼近到距离敌机编队 800 米时，飞行员发射安装在机鼻处的 24 发 73 毫米亨舍尔 Hs 297 "热风" 火箭弹。截击机耗尽燃料后，飞行员驾机滑翔，降到 3000 米高度，随即弹射跳伞，而"毒蛇"则坠向地面。

1945 年 3 月 1 日，"毒蛇"进行了首次完整的试飞。到当月月底，10 架 Ba 349 原型机在斯图加特附近的基希海姆做好了战斗准备。不幸的是，接下来几天没有盟军轰炸机编队从附近经过。4 月初，美国陆军先遣部队逼近，德国人仓促撤离前，炸毁了 10 架"毒蛇"。

阿拉多 Ar 234 "闪电" 喷气式侦察机 / 轰炸机

阿拉多 Ar 234 "闪电" 1944 年 6 月首次投入实战，成为世界上第一款用于军事行动的喷气式侦察机和轰炸机。这款飞机采用光滑的气动设计，搭载两台容克斯 - 久茂 004-B 涡轮喷气发动机。这套强大的推进系统，让 Ar 234 的最大时速达到了 735 千米。战斗中，盟军航速较慢的活塞引擎战斗机往往无法给 Ar 234 造成伤害。

Ar 234 的研发工作始于 1940 年，当时是以两台涡轮喷气发动机驱动一架上单翼飞机，每个机翼下的引擎短舱各装一台。Ar 234 还在机身后部安装有两部下视侦察照相机。不同寻常的是，这款飞机没有采用传统的起落架，而是在机身下方安装有伸缩式滑轨。飞机使用轮式小车起飞，离开跑道后把小车抛弃。

虽然阿拉多公司 1942 年年底完成了 Ar 234 的 V1 原型机，但久茂发动机迟迟没能交付，导致研发工作延误，这是因为 Me 262 喷气式飞机的研发任务获得更高的优先级。因此，Ar 234 V1 侦察原型机直到 1943 年 7 月 30 日才首飞。另外 6 架侦察原型机 1943—1944 年年间制造，其中的 V5 原型机，1944 年 8 月 6 日执行了

Ar 234 机型的首次战术任务，对法国诺曼底的盟军登陆场实施侦察飞行。这 7 架原型机多次成功执行了侦察飞行，在此期间，盟军的截击机一直没能击落它们。

成功执行这些侦察飞行后，航空部指示阿拉多公司，给这款飞机增加轰炸能力，再添加传统的三轮车起落架。阿拉多公司扩大了 Ar 234 的机身，以容纳新的起落架，还在机身下方添加了半埋入式炸弹舱。Ar 234 B-2 轰炸机型 1944 年 3 月首飞，成为德国空军设在萨克森州阿尔特隆讷维茨的新机场工厂批量生产的首个子型号。到 1944 年 12 月底，他们交付了合同规定的 200 架飞机。

第 76 轰炸机联队——战争局势不断恶化，再加上交通中断，燃料短缺，这一切导致德国投降前，德国空军只有一支部队列装了可用于作战的 Ar 234 轰炸机。这支部队就是第 76 轰炸机联队，1944 年 12 月阿登反击战期间，该联队首次以 Ar 234 执行轰炸任务。这些轰炸机分成 10～20 架的小股编队，每架携带一颗 500 千克炸弹。1945 年 3 月，盟军在雷马根好无损地夺得莱茵河上的鲁登道夫大铁路桥，当月中旬，第 76 轰炸机联队对这座桥梁发起殊死攻击，这些攻击没能摧毁桥梁，反而被盟军猛烈的防空火力击落 5 架飞机。从 3 月下旬到战争结束，由于缺乏燃料、零配件、飞行员，第 76 轰炸机联队出动的战斗架次屈指可数。4 月份最后几天，该联队对包围柏林的苏联军队展开最后的行动。5 月份第一周，联队幸存的 9 架飞机飞往德占挪威地区的机场，另外 4 架在石勒苏益格 – 荷尔斯泰因的基地炸毁，以免落入敌人手里。

1945 年 1 月，阿登攻势中的 Ar 234——德军发动阿登反击战期间，第 76 轰炸机联队一群 Ar 234 轰炸机停在机场上。德军在比利时巴斯托涅周围推进之际，美国军队展开反突击，1944 年 12 月 26 日，这些飞机遂行了打击美军的任务。

Ar 234 D 2——这架阿拉多 *Ar 234 B-2* 喷气式轰炸机上涂有小小的部队识别标志，黑色的 *F1* 标在白色的十字徽标旁，代表第 *76* 轰炸机联队。

型号：阿拉多 Ar 234 B-2

类型：单座轰炸机

机长：12.64 米

翼展：14.41 米

机高：4.29 米

最大起飞重量：9800 千克

动力：两台容克斯 - 久茂 004B-1 轴流式涡轮喷气发动机，每台最大推力 8.83 千牛顿。

最大航速：735 千米 / 小时

航程：携带 500 千克炸弹，1556 千米

实用升限：10000 米

武器：三颗 500 千克 SC 500J 炸弹

运输机和侦察机

德国空中力量对战争努力做出的贡献，很大一部分是通过战斗机、对地攻击机、轰炸机这些作战机型实现的。但德国运输机和侦察机通常没得到赞誉的工作，同样至关重要。

航空运输为增加地面补给，把关键物资运抵急需这些补给品的地方，例如陷入包围的斯大林格勒，发挥了重要作用。战略、战役、战术侦察为德国武装力量三大军种成功实施作战行动大开方便之门。

容克斯 Ju 52 运输机

Ju 52 是一款采用低置悬臂翼的三发飞机，最初是为民用研发的。在军事上，它主要被作为运输机使用。Ju 52 把一台发动机装在机鼻内，另外两台分别安装在机翼前缘。标准型 Ju 52/3m 搭载三台最大输出功率 574 千瓦的 BMW 132 发动机。30 年代，民用型 Ju 52 作为 17 座客机或小型货机使用。另外，1935—1944 年，容克斯公司生产了 3305 架军用型 Ju 52，还是无法满足武装部队航空运输的需求。Ju 52/3m 运输机充当医疗疏散平台时，可容纳 12 副担架。

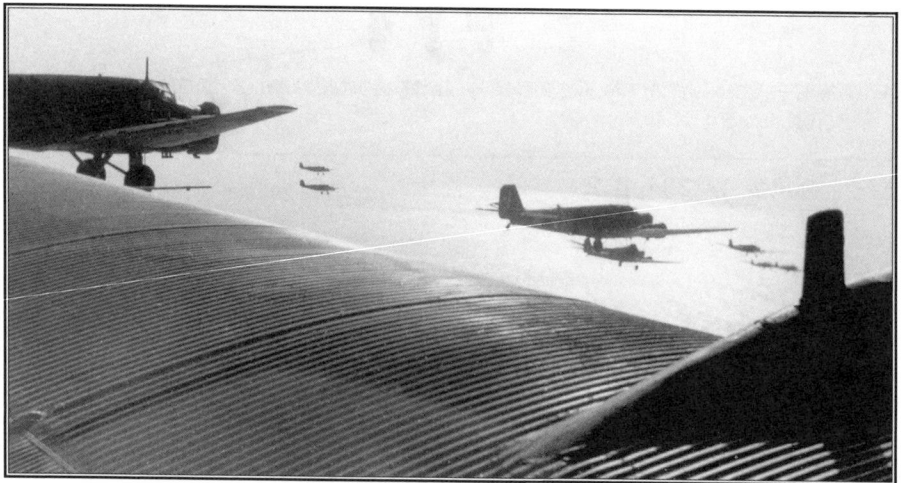

飞行中的 Ju 52——容克斯 Ju 52 运输机编队飞越地中海，可能是从意大利或西西里飞赴北非。到 1943 年，这些可靠的运输工具很容易遭到敌战斗机攻击，因而需要德军截击机提供保护。

Ju 52/3m——1941 年春季，轴心国军队空降入侵克里特岛期间，这架隶属第 1 特种轰炸机联队第 2 中队的 Ju 52，驻扎在爱琴海西部的米洛斯岛。

型号：容克斯 Ju 52/3m g7e

类型：运输机

乘员：3 人（2 名飞行员，1 名报务员）

机长：18.9 米

翼展：29.25 米

机高：4.5 米

最大起飞重量：9200 千克

动力：三台功率 533 千瓦的 BMW 132T 星型发动机

最大航速：海平面 265 千米 / 小时

航程：870 千米

实用升限：5490 米

武器：机背装有一挺 13 毫米 MG 131 机枪。

另外，Ju 52 还可以运送两个步兵班（每个班 9 名士兵），所以两架 Ju 52 就可以输送连同排直属班在内的一个步兵排。Ju 52 因而成为德国伞兵部队的输送平台。1940 年 4 月，以及 5—6 月，德国入侵挪威和其他西方国家期间，700 架 Ju 52 中的 500 架，把德国伞兵运往关键的战略要地。1941 年 5 月，德国空降入侵克里特岛，350 架 Ju 52 投送了 12000 名伞兵，但在此过程中损失了 150 架。

1939—1944 年，Ju 52 的产量	
年份	产量
1939 年	145 架
1940 年	388 架
1941 年	502 架
1942 年	503 架
1943 年	887 架
1944 年	379 架

德国人还推出标准型 Ju 52 3m 运输机的专用型变款，例如，他们生产了大约 70 架 Ju 52 水上飞机型。另一个变款是 Ju 52/3m-MS 探雷机，以及类似的水上飞机型，这些探雷机装有直径 14 米的消磁环，用这套装置引爆磁性水雷。

1942 年 /1943 年冬季，德军从当时列装的 800 架 Ju 52 运输机中抽调 350 架，为困在斯大林格勒的德国第 6 集团军空运补给，在此过程中，大约 216 架 Ju 52 被敌人的战斗机或地面高射炮击落。1942—1943 年，Ju 52 从意大利出发，为北非的轴心国军队运送物资，每天出动的架次多达 150 个。1943 年 4 月，盟军持续展开制空行动，在意大利南部的空中或地面上击毁 132 架 Ju 52。

Ju 52 在战争期间遂行的最后一场重要的空中突击，发生在 1944 年 12 月的突出部战役期间。122 架 Ju 52 空投了大约 1100 名伞兵，由于许多机组经验不足，投下的伞兵极为分散，只有 300 人到达预定目标。

福克 - 武尔夫 Fw 200 "秃鹰" 侦察机 / 水上飞机 / 运输机

"秃鹰" 是一款全金属四引擎远程单翼机，主要执行三种远程任务：作为侦察机执行侦查任务，作为轰炸机执行反舰 / 海上巡逻任务，作为运输机执行运输任务。"秃鹰" 的研发工作源于远程高空民用客机，这款客机可以搭载乘客从德国飞往美国。1938—1939 年，载有 24 名乘客的民用型 "秃鹰"，多次执行了跨大西洋飞行任务。

战争爆发后，福克 - 武尔夫公司生产了稍事改进的军用型 Fw 200 C-1 "秃鹰"。这种飞机装有四台最大输出功率 895 千瓦的 BMW 布拉莫 323 九缸风冷发动机。利用这套动力装置，"秃鹰" 实现了 360 千米 / 小时的最大航速，最大航程达到惊人的 3560 千米。

除了 C-1，德国人还少量生产了 C-2 到 C-6 几个子型号。不同型号的 "秃鹰"，搭载的防御武器也不一样，但通常装有 3—6 门 / 挺 20 毫米 MG 151/20 机炮、7.92 毫米 MG 15 机枪或 13 毫米 MG131 机枪，这些武器装在主机身不同位置或下挂式武器吊舱内。

1939—1944 年，福克 - 武尔夫公司总共生产了 276 架 "秃鹰"。至于这些飞机的作战使用情况：1940—1942 年，Fw 200 在大西洋上多次执行远程任务，使用机载雷达搜索盟军船队，然后指挥德国潜艇发起攻击，这些飞机还投掷了炸弹或水雷。

Fw 200 C-6——少量 Fw 200 C 系列经过改装，在每个外置引擎短舱下方搭载一颗亨舍尔 Hs 293 无线电遥控的有翼反舰滑翔炸弹，这款飞机的鼻锥上，安装有用于 FuG 203 克尔遥控装置的天线。

型号：福克－武尔夫 Fw 200 C-6

类型：海上侦察机

乘员：5 人

机长：23.45 米

翼展：32.85 米

机高：6.3 米

最大起飞重量：22714 千克

动力：四台功率 895 千瓦的 BMW 布拉莫 323R-2 九缸单排风冷星型发动机

最大航速：360 千米／小时

航程：3560 千米

实用升限：6000 米

武器：前置吊舱装有一门 20 毫米 MG 151/20 机炮；机背炮塔装有两挺 13 毫米 MG 131 机枪；最大载弹量 5400 千克。

从 1942 年起，盟军构成的反制威胁越来越大，"秃鹰"转而执行运输任务，以此支援地面部队。例如 1942 年 /1943 年冬季，大批 Fw 200 加入空运行动，为困在斯大林格勒的德国第 6 集团军运送补给物资。大西洋沿岸的法国港口 1944 年丢失后，德国海军的战略侦察严重萎缩，"秃鹰"也不再用于此类任务。希特勒的私人座机也是架"秃鹰"。另外，德国人改装了 6 架 C-8，作为亨舍尔 Hs 293 滑翔式反舰导弹的发射、引导平台。

梅塞施密特 Me 323 "巨人" 运输机

梅塞施密特 Me 323 是战争期间德国军队列装的最大的军用飞机，因此，"巨人"这个称谓恰如其分。这款超大型运输机的有效载荷高达 12 吨，足以运载 1 门 150 毫米 sFH 18 火炮、1 门 88 毫米高射炮或 130 名人员。"巨人"是从 Me 321 军用滑翔机发展而来。1940—1941 年研发的 Me 321，轴心国 1941 年入侵苏联期间用于运输任务。

Me 323 D 量产型，在庞大的矩形机身中部安装有巨大的上置半悬臂机翼。为降低重量，这款飞机大量使用胶合板、金属杆、帆布。Me 323 D 搭载六台尼奥梅 - 罗讷 14N-48/49 14 缸风冷星型发动机，每个机翼前缘各装三台。不过，为了在满负荷状态下顺利起飞，这款飞机需要发射 4 枚瓦尔特 HWK 109–500 火箭弹，以提供额外推力，这些火箭弹装在机翼上。

D 型配备五挺 7.92 毫米 MG 15 或 13 毫米 MG 131 机枪，其中两挺装在尾翼的球形炮塔，另外三挺装在机身上。"巨人"的航速不高，在海平面高度只有 219 千米 / 小时，而在高处的航速更低。这款运输机乘员五人，还可以搭载两名射手。后续推出的 Me 323 D-2、D-6、E-1、E-2，区别仅仅是改进过的发动机或螺旋桨桨片。

Me 323 D-6——庞大的 Me 323，硕大的鼻锥可以打开，从而进入巨大的前置货舱。D-6 型采用可变螺距的三桨片拉蒂尔螺旋桨，而不是 D-1 那种固定螺距的两桨片海涅螺旋桨。

型号：梅塞施密特 Me 323 D-6

类型：运输机
乘员：5 人，外加 130 名士兵或 10-12 吨装备
机长：28.2 米
翼展：55.2 米
机高：10.15 米
最大起飞重量：29500 千克
动力：六台功率 868 千瓦的尼奥梅 - 罗讷 14N-48/49 发动机，起飞推力 1180 匹
最大航速：219 千米 / 小时
航程：800 千米
实用升限：4000 米
武器：五挺 7.92 毫米 MG 15 机枪或 13 毫米 MG 131 机枪。

德国总共生产了 198 架"巨人"运输机，另外 30 架是以现有的 Me 321 滑翔机改装而成。1943 年 4 月 22 日，27 架满载的"巨人"运输机在西西里海峡上空遭到盟军战斗机拦截，被击落 21 架。

菲泽勒 Fi 156"鹳"侦察机

菲泽勒 Fi 156"鹳"是一款小型上置机翼单发单翼飞机，用于部队联络和战术侦察任务。这种飞机的短距离起降能力让人刮目相看，它只需要 25 米着陆距离，起飞距离也只需要 50 米。Fi 156 的机翼可以折叠，因此，一辆标准型军用拖车就能运送这架飞机。

乘员 2 人的 Fi 156，搭载一台阿格斯 As 10 倒置式 V8 发动机，这台最大输出功率 179 千瓦的发动机安装在机鼻部。凭借这台发动机，"鹳"的最大航速 175 千米 / 小时，最大航程 380 千米。它的失速速度低得让人难以置信，只有 50 千米 / 小时，因而能在战场上空翱翔，这是"鹳"赖以成名的技能。"鹳"只配备 1 挺 MG 15 机枪，由面朝后方的射手操作，硕大的驾驶舱内，射手坐在飞行员身后。

空运——这张照片拍摄于北非战局期间，着陆的菲泽勒 Fi-156（右）运来一名伤员，伤员随即送上停在一旁的容克斯 Ju 52（左）。两架飞机的机身上都清楚地涂有红十字标志。

涂装热带配色的 Fi 156——这架菲泽勒 Fi 156 C-3 热带型隶属非洲军，代表所属中队的黑色字母 K 涂在垂直的白色战区识别带上，整架飞机涂上了沙漠伪装色。

型号：菲泽勒 Fi 156

类型：侦察机
乘员：2 人
机长：9.9 米
翼展：14.3 米
机高：3.1 米
最大起飞重量：1260 千克
动力：一台功率 180 千瓦的阿格斯 As 10 风冷倒置式 V8 发动机
最大航速：175 千米 / 小时
航程：380 千米
实用升限：4600 米
武器：一挺 7.92 毫米 MG 15 机枪

1937—1942 年年间，位于卡塞尔、布德维斯（波西米亚）、皮托（法国）的几家工厂生产了 2905 架"鹳"式飞机，其中 1230 架是主要的变款 C-3，还有 286 架 C-1，239 架 C-2。级别较高的地面部队指挥官往往把"鹳"作为自己的侦察机使用。这具多功能平台还可以执行多种不同的战术任务，例如充当空中救护车，或往敌军防线后方派遣特工。1943 年 9 月，德军突击队把意大利前独裁者墨索里尼从大萨索山监狱救出，"鹳"式飞机参加了这场著名的行动。

亨舍尔 Hs 126 侦察机

亨舍尔 Hs 126 是一款双座侦察、观测单翼机，1938 年列装德国空军，直到1941 年才停产。这款飞机是从较早的 Hs 122A 侦察机发展而来。Hs 126 安装有高高的伞翼，伞翼下方，飞行员坐在有防护的驾驶舱内，他身后的观察员 / 射手面朝后方坐在驾驶舱敞开的部分。Hs 126 搭载一台布拉莫 323 九缸星型发动机，最大航速约为 356 千米 / 小时，它还具备出色的短距离起降能力。安装武器后，Hs 126 有 1 挺朝前方射击的 7.92 毫米 MG 17 机枪，由飞行员操纵，另一挺活动式 7.92 毫米 MG 15 机枪由射手操纵，还可以携带 150 千克重的炸弹。西班牙内战期间，Hs 126 跟随秃鹰军团首度参战，随后大量用于 1939 年的波兰战局和 1940 年的西方战局。但到 1942 年，更具效用的 Fi 156 "鹳" 和 Fw 189 "雕鸮" 很大程度上取代了 Hs 126。此后，Hs 126 越来越多地用作滑翔机牵引平台。

Hs 126 B-1——这架 Hs 126 B-1 涂上了白色冬季伪装，在东线南部的顿河前线隶属第 21 侦察机大队第 2 中队（与陆军协同），1943 年 1 月期间执行侦察和牵引滑翔机的任务。

型号：亨舍尔 Hs 126 B-1

类型：侦察机

乘员：2 人

机长：10.9 米

翼展：14.5 米

机高：3.8 米

最大起飞重量：2030 千克

动力：一台功率 625 千瓦的布拉莫 323 九缸星型发动机

最大航速：3000 米高度 356 千米 / 小时

航程：998 千米

实用升限：8530 米

武器：一挺朝前方射击的 7.92 毫米 MG 17 机枪；观察员 / 射手操纵一挺活动式 7.92 毫米 MG 15 机枪；还可搭载 150 千克炸弹。

这款飞机执行过的任务，最著名的一次发生在 1943 年 9 月 12 日，10 架 Hs 126 各自拖曳 1 架 DFS 230 滑翔机飞赴意大利大萨索山。这些滑翔机载有 103 名德军突击队员，他们解救了囚禁中的墨索里尼，这位独裁者随后乘坐菲泽勒"鹳"式飞机平安离开。

福克－武尔夫 Fw 189 "雕鸮" 侦察机

福克-武尔夫 Fw189 "雕鸮" 采用两根从机翼沿中心线两侧向后伸展的纵向尾撑，小小的中央吊舱式机身配有硕大的 360 度全景驾驶舱。

Fw 189 A-1——两架 Fw 189 A-1：（上图）1943 年年初，这架标有 "V7+1E" 的飞机隶属东线的第 32 侦察机大队；（下图）1943 年的乌克兰，通过飞机发动机上的 "红魔鬼" 标志识别，这架飞机隶属第 11 侦察机大队第 1 中队。

型号：福克－武尔夫 Fw 189 A-1

类型：侦察机
机长：12 米
翼展：18.4 米
机高：3.7 米
重量：3950 千克
动力：两台功率 342 千瓦的阿格斯 As 410 发动机
最大航速：2600 米高度 357 千米 / 小时
航程：670 千米
实用升限：8400 米
武器：翼根装有两挺 7.92 毫米 MG 17 机枪；一挺 7.92 毫米 MG 15 机枪安装在机身背部。

这款三座短程战术侦察机的原型机于 1938 年首飞，德国重点生产的改款机型是 Fw 189 A-1（于 1940 年列装德国空军）。至 1944 年，德国位于不来梅、波尔多和布拉格的三家工厂生产了大约 864 架"雕鸮"。这款飞机可以安装照相机。此外，由于它与陆军协同行动，执行侦察任务，陆军人员很快给它起了个绰号——"飞行的眼睛"。

初期主要生产的型号是 Fw 189 A-1，搭载两台最大输出功率 342 千瓦的阿格斯 As 410 风冷倒置式 V12 发动机，每根尾撑的前鼻部各装一台。A-1 型装有 2 挺活动式 7.92 毫米 MG 15 机枪，以弹鼓供弹，翼根安装两挺 MG 17 机枪，还可以携带 50 千克重的炸弹。

FW 189 七个稍事改进的子型号生产的数量较少，其中包括 22 架 Fw 189 A-4 轻型对地攻击机（配备 2 门双联装 20 毫米 MG 151/20 机炮），以及 10 架 Fw 189 B-1 五座训练机。1942 年起生产的 Fw 189 A-2，安装两挺弹链供弹的双联装 7.92 毫米 MG 81Z 机枪，而不是 MG 15 机枪。

"海军上将施佩伯爵"号下水——1934年6月30日，德意志级袖珍战列舰的最后一艘"海军上将施佩伯爵"号在大群民众面前下水，许多人举臂行纳粹礼。

第五章

海军武器

第二次世界大战期间，德国海军发挥了至关重要的作用。他们的水面舰队主力（战列舰、战列巡洋舰、袖珍战列舰、巡洋舰）领导了海面上的破交战略，阻止盟军把物资从世界各地运往英国或苏联。与此同时，德国的 U 型潜艇也在海面下发起激烈而又持久的封锁战。

接下来，本章节要介绍德国主要的七艘主力舰："俾斯麦"号、"蒂尔皮茨"号战列舰；"沙恩霍斯特"号、"格奈泽瑙"号战列巡洋舰；"德意志（吕措）"号、"海军上将舍尔"号、"海军上将施佩伯爵"号袖珍战列舰。

"俾斯麦"号战列舰

"俾斯麦"号是两艘俾斯麦级战列舰的首舰，而俾斯麦级战列舰是德国海军有史以来列装的最强大的水面舰只。1936 年，布洛姆＆福斯造船公司在汉堡铺设"俾斯麦"号的龙骨。经过夜以继日的建造，"俾斯麦"号于 1939 年 2 月下水。接下来的舾装期间，"俾斯麦"号的直线舰艏改为大西洋斜艏。

"俾斯麦"号 1940 年 8 月列装入役，在波罗的海进行了四个月的海上试航。这艘强大的战列舰，标准排水量 42369 吨，舰长 251 米，舰宽 36 米，舰员 2065 人，装有三台功率 36815 千瓦的布洛姆＆福斯蒸汽涡轮机，最大航速 30 节。"俾斯麦"

号战列舰的主炮系统是8门380毫米SK C/34火炮，安装在四座双联装主炮塔内，前甲板和后甲板各两座，副炮系统是12门150毫米SK C/28火炮。"俾斯麦"号的舰体以厚达320毫米的装甲带防护，而炮塔正面的装甲厚度达到360毫米。这艘战列舰还装有弹射器，以便舰上搭载的4架阿拉多Ar-196水上侦察机升空。

1941年5月19日—23日，"俾斯麦"号战列舰和"欧根亲王"号重巡洋舰离开波罗的海，航行通过挪威水域，因而在冰岛与格陵兰岛之间穿过丹麦海峡，在那里被英国皇家海军的"萨福克"号重巡洋舰发现。"俾斯麦"号受领的破交任务是进入北大西洋，尽可能多地击沉盟军船只。5月24日，英国皇家海军"胡德"号战列巡洋舰和"威尔士亲王"号战列舰与两艘德舰交战；激战中，"胡德"号被击沉，"威尔士亲王"号受损后被迫撤离。但"俾斯麦"号也在交战中受损，几个隔舱进水，燃料舱泄漏。海军上将吕特延斯决定把军舰开往德国占领的法国大西洋港口维修，而"欧根亲王"号继续执行破交任务。

希特勒向"俾斯麦"号敬礼——德国元首阿道夫·希特勒（中）向"俾斯麦"号行纳粹举手礼，他伸出的胳膊旁，战列舰上的二级、三级火炮清晰可见。

5月25日，"俾斯麦"号以27节航速朝东南方驶向比斯开湾之际，英国舰载机成功地施以打击，重创"俾斯麦"号的左舵和转向机构，导致这艘军舰慢慢地转向左舷。5月27日拂晓后，英国皇家海军2艘战列舰、2艘重巡洋舰、5艘驱逐舰赶到，猎杀这艘受损严重、已无法机动的战列舰。一连两小时，猛烈的近距离炮火不停地肆虐，"俾斯麦"号中弹400余次。

"多塞特郡"号重巡洋舰终于赶来施以致命一击，在近距离对"俾斯麦"号展开几次鱼雷攻击。严重损毁的"俾斯麦号"向左倾斜，随即倾覆（也可能是自行凿沉），全舰只有114名舰员幸存。

"俾斯麦"号的残骸			
发现日期	地点	深度	方向
1989年6月8日	布雷斯特以西650千米	4791米	平直

"蒂尔皮茨"号战列舰

"蒂尔皮茨"号是俾斯麦级战列舰的二号舰，1936年11月在威廉港铺设龙骨，1939年5月下水。1941年2月，这艘战列舰列装入役，随后在波罗的海进行海上试航。

"蒂尔皮茨"号的前后甲板各有两座双联装主炮炮塔，装有8门380毫米SK C/34火炮，副炮是12门150毫米SK C/28火炮。由于设计上做出些修改，"蒂尔皮茨"号标准排水量43508吨，稍重于"俾斯麦"号。三台布朗、博韦里&基齿轮减速汽轮机输出119905千瓦功率，大于"俾斯麦"号，因而最大巡航速度也稍高，达到30.8节。战争期间，"蒂尔皮茨"号改装了好几次，例如，舰上原本有12门20毫米高射炮，最后又增加了46门，另外还添加了8具水面鱼雷发射管。

1942年1月，"蒂尔皮茨"号开赴挪威特隆赫姆，打算从那里出击，进入北大西洋摧毁盟军运输船队。"蒂尔皮茨"号停泊在法滕峡湾一座峭壁旁，水下布设了若干道防护网，周围还部署了几个高射炮连。尽管"蒂尔皮茨"号几次企图进入丹麦海峡，但客观情况和油料短缺导致这些计划没能付诸实施，只在1942年3月和6月出动了两次。1943年3月，"蒂尔皮茨"号和"沙恩霍斯特"号炮击了盟军设在斯匹茨卑尔根岛上的气象设施。

1943年9月，8艘英国X型袖珍潜艇袭击了法滕峡湾的"蒂尔皮茨"号。2艘袖珍潜艇（X6 和 X7）设法把水雷置于这艘战列舰下部，随后引爆。"蒂尔皮茨"号遭到重创，彻底修复需要 7 个月时间。1944 年 4 月，修复的"蒂尔皮茨"号出海试航，40 架英国俯冲轰炸机对这艘战列舰发起攻击，给她造成更加严重的破坏——四座主炮塔中的两座被炸毁。

"蒂尔皮茨"号的装甲防护				
说明	上甲板	主甲板	主装甲带	炮塔正面
装甲板厚度	50 毫米	100—120 毫米	320 毫米	360 毫米

更猛烈的空袭于 1944 年中期接踵而至，进一步给"蒂尔皮茨"号造成破坏。9 月 15 日，英国皇家空军的兰开斯特轰炸机投下一枚"高脚柜"炸弹命中"蒂尔皮茨"号。一个月后，这艘受损的战列舰，以 8 节航速跌跌跄跄地驶往特罗姆瑟峡湾一处受保护的新锚地。"蒂尔皮茨"号在这里继续保持作战状态，但只能作为威力强大的浮动炮台。1944 年 11 月 12 日，32 架兰开斯特轰炸机对她发起攻击，两次直接命中这艘战列舰。"蒂尔皮茨"号渐渐向左倾斜，最终倾覆，上层建筑葬身峡湾底部，大约 1000 名舰员丧生。

"俾斯麦"号——"俾斯麦"号战列舰这张侧面图显示，她的主炮和副炮炮塔涂成黄色。据"俾斯麦"号沉没后寥寥无几的幸存者之一说，他们驶入大西洋执行决定性行动期间，在海上把炮塔漆成了黄色。

"俾斯麦"号

排水量：标准排水量 42369 吨，满载排水量 50300 吨
尺寸：251 米 ×36 米 ×9.3 米
推进装置：三轴，12 台瓦格纳 HP 锅炉，3 台布洛姆 & 福斯齿轮减速涡轮机，最大功率 110450 千瓦
武器：8 门 380 毫米、12 门 150 毫米、16 门 105 毫米火炮；16 门 37 毫米、12 门 20 毫米高射炮
装甲：装甲带 80—320 毫米；舱壁 45—220 毫米；炮塔 180—360 毫米；甲板 80—120 毫米
航速：30 节
舰载机：4 架阿拉多 Ar 196 水上飞机
舰员：2065 人

"蒂尔皮茨"号——"蒂尔皮茨"号战列舰这张侧视图表明，军舰涂装了深灰色和浅灰色几何伪装图案；12 台过热锅炉产生的蒸汽，通过烟囱内的通风设施，从 5 个排气口排出。

"蒂尔皮茨"号

排水量：标准排水量 43588 吨，满载排水量 52600 吨
尺寸：251 米 ×36 米 ×9.3 米
推进装置：三轴，12 台瓦格纳过热锅炉，3 台布朗、博韦里 & 基齿轮减速汽轮机，最大功率 119905 千瓦
武器：8 门 380 毫米、12 门 150 毫米、16 门 105 毫米火炮；16 门 37 毫米、12 门 20 毫米高射炮
装甲：装甲带 80—320 毫米；舱壁 45—220 毫米；炮座 220—340 毫米；炮塔 180—360 毫米；甲板 50—120 毫米
航速：30.8 节
舰载机：4 架阿拉多 Ar 196 水上飞机
舰员：2065 人

"沙恩霍斯特"号战列巡洋舰

　　"沙恩霍斯特"号是两艘沙恩霍斯特级战列巡洋舰的首舰。威廉港帝国海军船厂负责建造的这艘军舰 1935 年铺设龙骨，1936 年后期下水。1939 年 2 月，"沙恩霍斯特"号正式列装德国海军，随后在波罗的海进行海上试航。之后，她的直线舰艏改为大西洋斜艏，以提高她在波涛汹涌的海面上的适航性。

　　"沙恩霍斯特"号标准排水量 32615 吨，满载排水量 38711 吨，配备 9 门 280 毫米 SK C/34 速射炮，这些主炮装在三座三联装炮塔内，前甲板两座，后甲板一座，能在 120 秒内发射七次。副炮是 12 门 150 毫米 SK C/33 火炮，舰上还装有 40 门（后来增加到 46 门）高射炮。"沙恩霍斯特"号搭载三台布朗、博韦里 & 基过热蒸汽轮机，最大输出功率合计 111717 千瓦，这让军舰的最大巡航速度达到 31 节。但这艘军舰的设计存在问题，舰艏过重，波涛汹涌的海面上，前后甲板经常被海水打湿，前甲板第一座主炮塔无法在恶劣的海况下使用。

1939 年 11 月 21 日，"沙恩霍斯特"号首次执行作战任务，肃清法罗群岛与冰岛间的水域，此次行动中，"沙恩霍斯特"号击沉英国"拉瓦尔品第"号武装商船巡洋舰。德国 1940 年 4 月入侵挪威期间，"沙恩霍斯特"号战列巡洋舰掩护德国入侵军队登陆纳尔维克和特隆赫姆。之后的 6 月 8 日，"沙恩霍斯特"号和"格奈泽瑙"号与英国航母"光荣"号交战。"沙恩霍斯特"号在 24200 米超远距离击中英国航母。两艘德舰击沉这艘航母和护航的两艘驱逐舰，自身遭受的战损不太严重。

　　1941 年 1 月，"沙恩霍斯特"号和"格奈泽瑙"号从基尔起航，顺利突入北大西洋，击沉几艘商船后，3 月 22 日返回法国布雷斯特港。1942 年 2 月，两艘战列巡洋舰和"欧根亲王"号重巡洋舰大胆冲过英吉利海峡，赶赴德国西北部的威廉港。

　　1943 年 3 月，"沙恩霍斯特"号驶往挪威纳尔维克，准备进入北大西洋。1943 年 12 月底，"沙恩霍斯特"号赶去拦截驶往苏联的一支船队，北角海战随之爆发。"沙恩霍斯特"号与英国 3 艘巡洋舰、"约克公爵"号战列舰交战，被英舰炮弹击中几十次，还挨了至少 18 枚鱼雷，严重受损的"沙恩霍斯特"号朝右舷倾覆，很快沉入海中。在这冰冷的北部水域，这艘战列巡洋舰上的 1986 名舰员，只有 36 人生还。

视察舰员——1939 年，"沙恩霍斯特"号舰长奥托·齐利阿克斯海军上校视察这艘战列巡洋舰上的舰员。

侦察机——吊车把一架刚刚降落在旁边海面上的阿拉多 Ar-136 水上飞机吊上"沙恩霍斯特"号。二战期间,约有 526 架这种水上飞机在德国海军服役。

"沙恩霍斯特"号——从"沙恩霍斯特"号这张剖视图能看到舰上的蒸汽锅炉(棕色),BBC(布朗、博韦里 & 基)涡轮机(绿色),以及前甲板第二座主炮塔(名为"布鲁诺")装甲厚实的弹药仓。

"沙恩霍斯特"号

排水量:标准排水量 32615 吨,满载排水量 38711 吨

尺寸:235 米 ×30 米 ×9.7 米

推进装置:三轴,12 台瓦格纳 HP 锅炉,3 台布朗、博韦里 & 基齿轮减速汽轮机,最大功率 111717 千瓦

武器:9 门 280 毫米、12 门 150 毫米、14 门 105 毫米火炮;16 门 37 毫米、10 门 20 毫米高射炮;6 具 533 毫米鱼雷发射管

装甲:装甲带 200—350 毫米;舱壁 150—200 毫米;炮座 200—350 毫米;炮塔 200—350 毫米;甲板 20—50 毫米

航速:31 节

舰载机:3 架阿拉多 Ar 196A 水上飞机

舰员:1986 人

"格奈泽瑙"号战列巡洋舰

德国战列巡洋舰"格奈泽瑙"号，1934 年 2 月在基尔的德意志造船厂铺设龙骨，是沙恩霍斯特级的二号舰，也是最后一艘。"格奈泽瑙"号 1936 年 12 月下水，1938 年 5 月加入德国海军服役。

这艘战列巡洋舰建造期间，1937 年对相关设计做出重大修改，延误了竣工日期。这番修改让"格奈泽瑙"号的标准排水量下降到 32310 吨，略轻于姊妹舰"沙恩霍斯特"号。"格奈泽瑙"号的武器与姊妹舰如出一辙，也是以三座三联装炮塔安装 280 毫米 SK C/34 火炮。但与姊妹舰不同，"格奈泽瑙"号安装了三台日耳曼尼亚过热蒸汽轮机，最大输出功率合计 121400 千瓦。她的最大航速 31.1 节，如果以 19 节航速持续稳定航行的话，满载油料的情况下可航行 6200 海里，略低于她的姊妹舰。

"格奈泽瑙"号完成海上试航后，投入首次作战部署；1939 年 10 月，她跟随 13 艘德国舰只组成的分舰队进入大西洋。之后的 1940 年 6 月，"格奈泽瑙"号和姊妹舰"沙恩霍斯特"号迎战并击沉了英国航母"光荣"号，"格奈泽瑙"号在这场交战中的受损情况并不严重。1941 年 1—3 月，两艘战列巡洋舰从基尔出发后驶入北大西洋，成功实施水面袭击后，"格奈泽瑙"号和"沙恩霍斯特"号返回布雷斯特港维修。

1942 年 2 月，"格奈泽瑙"号、"沙恩霍斯特"号战列巡洋舰、"欧根亲王"号重巡洋舰大胆穿越英吉利海峡，一路驶往威廉港。"格奈泽瑙"号进入基尔的干船坞大修。

但 1942 年底，盟军空袭基尔港，给"格奈泽瑙"号造成严重破坏。德国人决定拆除舰上的 280 毫米主炮炮塔，换装 380 毫米主炮炮塔，这就造成整个维修量太大。

1942 年 4 月，丧失战斗力的"格奈泽瑙"号驶往东普鲁士哥滕哈芬，在那里进行大修。但 1943 年底，"沙恩霍斯特"号沉没后，希特勒下令停止军舰的维修工作，"格奈泽瑙"号就这样停在哥滕哈芬港。

1945 年初，红军地面先遣部队逼近哥滕哈芬港，德国人把无法开动的"格奈泽瑙"号作为浮动炮台使用。1945 年 3 月 27 日，他们把这艘战列巡洋舰凿沉在港内，以防苏联海军利用港内设施。

"格奈泽瑙"号的舰炮射程			
舰炮型号	280 毫米 SK C/34	150 毫米 SK C/28	105 毫米 SK C/33
最大射程	42600 米	22000 米	17700 米

"格奈泽瑙"号——这张照片巧妙地展示出"格奈泽瑙"号三联装 280 毫米 SK C/34 炮塔相对庞大的尺寸，以及大西洋斜艏的曲线，这种设计旨在提高适航性。

"格奈泽瑙"号

排水量：标准排水量 32310 吨，满载排水量 38711 吨

尺寸：235 米 ×30 米 ×9.7 米

推进装置：三轴，3 台日耳曼尼亚齿轮减速蒸汽轮机，带单级减速的三叶螺旋桨，最大功率 121400 千瓦

武器：9 门 280 毫米、12 门 150 毫米、14 门 105 毫米火炮；16 门 37 毫米、10 门 20 毫米高射炮；6 具 533 毫米鱼雷发射管

装甲：装甲带 200—350 毫米；舱壁 150—200 毫米；炮座 200—350 毫米；炮塔 200—350 毫米；甲板 20—50 毫米

航速：31 节

舰载机：3 架阿拉多 Ar 196A 水上飞机

舰员：1669 人

"德意志"号袖珍战列舰（"吕措"号）

德意志级装甲舰（或称为"袖珍战列舰"）总共建造了三艘，"德意志"号是首舰，这级战舰安装柴油发动机，在当时较为少见，但德国人 1940 年把她们重新归入重巡洋舰。由于凡尔赛和约对德国海军建造水面舰只做出限制，德国人找了些借口规避相关规定。

德国官方宣称，"德意志"号标准排水量 10161 吨，符合凡尔赛和约的限制，实际上，这艘军舰的标准排水量达到 10770 吨。这些军舰的设计，力求最大程度地提高武器装备和装甲防护，同时保持较小的排水量，他们通过焊接而不是铆接舰体实现了这一点。

"德意志"号 1929 年在基尔铺设龙骨，1931 年 5 月下水。竣工的舰只 1932 年 11 月进行海上试航，1933 年 4 月正式列装海军。这艘军舰的前后甲板各设一座三联装炮塔，共计 6 门 280 毫米 SK C/28 主炮，最大射程 36475 米。"德意志"号的主装甲带厚 80 毫米。

"德意志"号——"德意志"号袖珍战列舰这张侧视图表明，军舰的上层建筑和舰桥大小适中。造舰方案各个方面都是最大程度地提高火力和防护性，并在表面上把排水量控制在凡尔赛和约规定的 10000 吨内。

"德意志"号

排水量：标准排水量 10770 吨，满载排水量 14520 吨
尺寸：210 米 ×21.8 米 ×7.25 米
推进装置：3 台汽轮机，最大功率 101320 千瓦
武器：8 门 203 毫米、12 门 105 毫米火炮；45 门高射炮；12 具 533 毫米鱼雷发射管
装甲：装甲带 60—80 毫米；舱壁 40—45 毫米；炮塔 85—140 毫米；指挥塔 50—150 毫米；甲板 40—45 毫米
航速：33.5 节
舰载机：2 架阿拉多 Ar 196 水上飞机
舰员：619 人

1939 年 9 月战争爆发时，"德意志"号在海上执行了一场相当成功的水面袭击，随后返回德国。德国把"吕措"号重巡洋舰卖给苏联后，"德意志"号更名为"吕措"号。

1940 年 4 月，"吕措"号参加了德国入侵挪威的行动，但返回德国途中，被一艘英国潜艇发射的鱼雷击中后严重受损。维修工作直到 1941 年 3 月才完成，"吕措"号随后返回挪威。途中，她又挨了一架英国轰炸机发射的鱼雷，之后在德国的维修工作耗时一年。再次返回挪威后，"吕措"号参加了打击 PQ 17 护航船队的行动，但随后搁浅，不得不返回德国再度维修。待她又一次返回挪威后，与"海军上将希佩尔"号重巡洋舰参加了巴伦支海海战。

战争剩下的日子里，"吕措"号一直留在波罗的海。1945 年初，苏联红军势不可挡地向西推进，德军地面部队殊死守卫东普鲁士和波美拉尼亚，"吕措"号为他们提供了火力支援。当年 4 月，她部署在斯维内明德附近一条运河，结果遭到英国皇家空军轰炸机重创。1945 年 5 月 4 日，德国军队撤离该地区，舰员凿沉了"吕措"号。

"海军上将舍尔"号袖珍战列舰

"海军上将舍尔"号是二艘德意志级袖珍战列舰的二号舰，后来重新归入重巡洋舰。1931 年 6 月，她在威廉港帝国海军船厂铺设龙骨，1934 年 11 月列装海军。

这艘军舰的标准排水量达到 13660 吨，比姊妹舰"德意志"号重了近四分之一。排水量之所以增加，部分原因是"海军上将舍尔"号的舰体宽了 65 厘米，还因为她加强了装甲防护。

1936—1939 年的西班牙内战期间，"海军上将舍尔"号多次在西班牙水域巡逻。之后，这艘袖珍战列舰显著加强了防空武器。1940 年 10 月，她出发后进入南大西洋。

接下来五个月，与几艘德国补给船在约定地点会合后，"海军上将舍尔"号在长达 46418 海里的水面袭击过程中，成功击沉 17 艘商船。

1942 年 2 月，"海军上将舍尔"号从德国水域驶往挪威纳尔维克。这艘重巡洋舰在那里参加了拦截盟军 PQ 17 护航船队的任务。1943 年初，她返回威廉港的干船坞大修。盟军的空袭给停在干船坞里的这艘重巡洋舰造成破坏。为避免空袭造成更大破坏，勉强能行驶的"海军上将舍尔"号进入波罗的海，停泊在奥得河河口，乌泽多姆岛的斯维内明德港。希特勒命令德国海军的主力舰退役，于是，"海军上将舍尔"号从事训练海军学员的任务。

1945 年初，重新入役的"海军上将舍尔"号加强了防空能力，为守卫东普鲁士、波美拉尼亚沿海地区的德国地面部队提供了他们急需的火力支援。另外，这艘重巡洋舰还参加了"汉尼拔"行动：把负伤的军人和德国平民从靠近苏联红军的地方疏散到德国北部的安全地区。返回基尔后，"海军上将舍尔"号更换了磨损的主炮炮管。1945 年 4 月 9 日，她遭到英国皇家空军轰炸机猛烈空袭，中弹数次后，慢慢向右舷倾斜，最终倾覆。

"海军上将舍尔"号——"海军上将舍尔"号袖珍战列舰这张左前舷照片中，两排舰体舷窗和双舰锚清晰可见。

"海军上将舍尔"号

排水量：标准排水量 13660 吨，满载排水量 16154 吨

尺寸：186 米 ×21.6 米 ×7.2 米

推进装置：四轴，4 台曼公司双作用两冲程 9 缸柴油发动机，火神变速箱，最大功率 40268 千瓦

武器：6 门 280 毫米 54.5 倍径、8 门 150 毫米、3 门 88 毫米火炮；8 具 500 毫米鱼雷发射管

装甲：装甲带 60—80 毫米；舱壁 40—45 毫米；炮塔 85—140 毫米；指挥塔 50—150 毫米；甲板 40—45 毫米

航速：28 节

舰载机：2 架阿拉多 Ar 196 水上飞机

舰员：619 人

"海军上将舍尔"号下水——1933年4月1日，"海军上将舍尔"号袖珍战列舰正式下水，从船台慢慢滑入威廉港造船厂的静水。

"海军上将舍尔"号的防空能力	
年份	防空武器
1934 年	3 门 88 毫米 L/45 高射炮
1935 年	6 门 88 毫米 L/78 高射炮
1940 年	6 门 105 毫米 C/33、4 门双联装 37 毫米 C/30、28 门 20 毫米 Flak 20 高射炮
1945 年	6 门 40 毫米、8 门 37 毫米 C/30、32 门 20 毫米 Flak 30 高射炮

"海军上将施佩伯爵"号袖珍战列舰

　　"海军上将施佩伯爵"号是德意志级袖珍战列舰的最后一艘，标准排水量14890吨，比"德意志"号重了45%。额外的重量是"海军上将施佩伯爵"号主装甲带厚达100毫米造成的，还因为这艘军舰的宽度增加了96厘米。

　　"海军上将施佩伯爵"号1932年10月在威廉港造船厂铺设龙骨，1934年6月30日下水。进一步舾装后，"海军上将施佩伯爵"号1936年1月6日正式加入德国海军服役。这艘袖珍战列舰的武器装备与两艘姊妹舰如出一辙：前后甲板各设一座三联装炮塔，共计6门280毫米SK C/28主炮。三艘德意志级袖珍战列舰中，"海军上将施佩伯爵"号的防护最强大，炮塔正面装甲厚达140毫米，主装甲带厚80—100毫米，甲板以17—45毫米厚的装甲板防护。"海军上将施佩伯爵"号装有四台曼公司的双柴油发动机，总推力38813千瓦，这让她实现了28.5节的巡航速度。

1936—1938年，"海军上将施佩伯爵"号在西班牙海岸附近执行了五次巡逻任务，以维护欧洲各国1936年8月就西班牙内战签署的不干涉协议。1939年8月，这艘袖珍战列舰驶入南大西洋，战争爆发时在那里待命。9月26日，"海军上将施佩伯爵"号击沉了第一艘商船——"克莱门特"号货轮。当年10月，约有8支盟国海军特遣舰队着手搜寻这艘袖珍战列舰，她在这段时期俘获或击沉了5艘商船。"海军上将施佩伯爵"号11月中旬进入印度洋，之后重新返回南大西洋。

"海军上将施佩伯爵"号——和平时期拍摄的这张照片可以看出，"海军上将施佩伯爵"号袖珍战列舰装饰了各色彩旗。注意停在军舰中部平台上的阿拉多Ar-196水上飞机，这架飞机战时能为军舰执行深具价值的侦察任务。

"海军上将施佩伯爵"号

排水量：标准排水量14890吨，满载排水量16020吨
尺寸：186米×20.6米×7.2米
推进装置：四轴，4台曼公司双作用两冲程9缸柴油发动机，火神变速箱，最大功率38813千瓦
武器：6门280毫米54.5倍径、8门150毫米、3门88毫米火炮；8具500毫米鱼雷发射管
装甲：装甲带80—100毫米；舱壁40—45毫米；炮塔85—140毫米；指挥塔50—150毫米；甲板40—45毫米
航速：28.5节
舰载机：2架阿拉多Ar196水上飞机
舰员：619人

12 月 13 日清晨，"海军上将施佩伯爵"号遭遇英国皇家海军"埃克塞特"号重巡洋舰、"阿贾克斯"号、"阿基里斯"号轻巡洋舰，历时两小时的拉普拉塔河河口海战就此爆发。"海军上将施佩伯爵"号袖珍战列舰的主炮六次击中"埃克塞特"号，给对方造成严重破坏，"阿贾克斯"号也两次中弹。交战中，"海军上将施佩伯爵"号中弹 68 次，柴油净化和海水淡化装置严重受损。这艘袖珍战列舰退入中立的蒙得维的亚港进行短期维修。在此期间，英国情报部门故意泄露了夸大其词的消息，声称强大的英国舰队集结在拉普拉塔河河口外。"海军上将施佩伯爵"号不愿面对战败的厄运，12 月 18 日，一批骨干舰员驾驶军舰驶入河口，随即引爆炸药，把这艘军舰炸沉在浅水处。

巡洋舰

为阻止商船把补给物资运往英国和苏联，德国采取了破交战略，这种战略主要由德国海军主力舰（战列舰、战列巡洋舰、袖珍战列舰）执行，但他们的巡洋舰舰队也为此发挥了作用。德国海军三艘重巡洋舰中的两艘（"海军上将希佩尔"号、"欧根亲王"号）参加了破交战，要么单独行动，要么掩护一艘或多艘主力舰。另外，德国海军还有六艘轻巡洋舰："埃姆登"号、"科隆"号、"卡尔斯鲁厄"号、"柯尼斯堡"号、"莱比锡"号、"纽伦堡"号。这些舰只的火力和航程有限，通常无法单独执行海上破交战，但她们有时候会掩护执行此类任务的主力舰或重巡洋舰。

"海军上将希佩尔"号重巡洋舰

"海军上将希佩尔"号是海军上将希佩尔级重巡洋舰的首舰。这艘重巡洋舰 1935 年 7 月在汉堡铺设龙骨，1937 年 2 月下水。完成舾装后，"海军上将希佩尔"号 1939 年 4 月 29 日列装德国海军，1940 年 2 月 17 日宣布投入作战使用。

"海军上将希佩尔"号标准排水量 16170 吨，装有三台汽轮机，最大巡航速度 32 节。她的前后甲板各有两座背负式双联装炮塔，共安装 8 门 203 毫米 SK L/60 主炮。1940 年 4 月，"海军上将希佩尔"号护送两栖登陆部队前往特隆赫姆，参加德国入侵挪威的行动，在此过程中击沉英国驱逐舰"萤火虫"号。1940 年 11—12 月，"海军上将希佩尔"号冲过丹麦海峡进入北大西洋，在那里击沉一艘商船后返回布雷斯特港。

"海军上将希佩尔"号——这艘重巡洋舰上的一队舰员，正用长长的棍子清理主炮炮管。为确保战舰处于最佳战备状态，繁重、必不可少的日常维护工作非常多，清理炮管就是其中一项。

"海军上将希佩尔"号

排水量：标准排水量 16170 吨

尺寸：202.8 米 ×21.3 米 ×7.2 米

推进装置：3 台布洛姆＆福斯汽轮机，3 只三桨片螺旋桨，最大功率 98000 千瓦

武器：8 门 203 毫米、12 门 105 毫米 SK C/33、12 门 37 毫米 SK C/30、8 门 20 毫米 C/30 火炮；6 具 533 毫米鱼雷发射管

装甲：装甲带 70—80 毫米；炮塔 105 毫米；装甲甲板 20—50 毫米

航速：32 节

舰载机：3 架阿拉多 Ar 196 水上飞机

舰员：42 名军官，1340 名士兵

1941 年 2 月，"海军上将希佩尔"号进入北大西洋，击沉 8 艘商船后返回基尔，在干船坞里待了七个月。1942 年 3 月，"海军上将希佩尔"号驶往挪威特隆赫姆。1942 年 7 月 3 日，她和"蒂尔皮茨"号、"吕措"号、"海军上将舍尔"号携手出击，企图歼灭盟国 PQ 17 护航船队，但这场行动不太成功。

1942 年 12 月，"海军上将希佩尔"号和"吕措"号攻击了 JW 51B 护航船队，在巴伦支海海战中与两艘英国巡洋舰交战。这场不太成功的遭遇战结束后，希特勒命令德国海军剩余的大型水面舰只退役。1943—1944 年，退役的"海军上将希佩尔"号待在波罗的海，1945 年初驶往基尔进行大规模改装，准备重新入役。

5 月 3 日，英国皇家空军的轰炸机重创了停在基尔港的"海军上将希佩尔"号，舰员随后凿沉了这艘遍体鳞伤的军舰。

"欧根亲王"号重巡洋舰

"欧根亲王"号是海军上将希佩尔级重巡洋舰的三号舰，1936 年 4 月在基尔铺设龙骨，1938 年 8 月 22 日下水，1940 年 8 月 1 日列装入役。1940—1941 年，"欧根亲王"号在波罗的海进行海上试航，同时训练舰员。她首次执行破交任务是 1941 年 5 月 19 日—23 日，当时她陪同"俾斯麦"号穿过挪威水域，随后又穿越丹麦海峡，在那里与英国皇家海军"胡德"号、"威尔士亲王"号交战。

5 月 24 日，受损的"俾斯麦"号朝东南方驶往被德国占领的法国大西洋港口维修，而"欧根亲王"号继续向南。5 月 27 日，也就是"俾斯麦"号被击沉那天，"欧根亲王"号重巡洋舰向南行驶期间，舰员发现发动机出了大问题。接下来五天，这艘战舰多次躲过盟军特遣舰队的搜寻，平安抵达布雷斯特港，进入干船坞修理。

1942 年 2 月，"欧根亲王"号、"格奈泽瑙"号、"沙恩霍斯特"号大胆穿过英吉利海峡前往威廉港。在 1943 年的大多数日子里，半退役的"欧根亲王"号在波罗的海从事训练海军学员的任务。1943 年年末和整个 1944 年，重新入役的"欧根亲王"号重巡洋舰，为东线北部地区苦战的德军地面部队提供火力支援，还把德国伤兵和平民从遭受红军威胁的地区疏散。1945 年 3 月，为支援坚守但泽湾的陆军部队，这艘重巡洋舰发射了 2447 发主炮炮弹。1945 年 4 月 13 日—20 日，"欧根亲王"号从斯维内明德驶往哥本哈根，由于缺乏燃料，她没能从那里再次起航。5 月 5 日，这艘重巡洋舰向盟军投降。

"欧根亲王"号——"欧根亲王"号重巡洋舰这张出色的正面照片,充分展示出上层建筑的正面高度、"安东"炮塔的正面结构,以及大西洋斜艏的优雅线条。

"欧根亲王"号

排水量:标准排水量 16970 吨

尺寸:212.5 米 ×21.7 米 ×7.2 米

推进装置:3 台布洛姆&福斯汽轮机,3 只三桨片螺旋桨,最大功率 101000 千瓦

武器:8 门 203 毫米、12 门 105 毫米 SK C/33、12 门 37 毫米 SK C/30、8 门 20 毫米 C/30 火炮;12 具 533 毫米鱼雷发射管

装甲:装甲带 70—80 毫米;炮塔 105 毫米;装甲甲板 20—50 毫米

航速:33.4 节

舰载机:3 架阿拉多 Ar 196 水上飞机

舰员:42 名军官,1340 名士兵

"赛德利茨"号重巡洋舰

"赛德利茨"号是海军上将希佩尔级重巡洋舰的四号舰。与姊妹舰"吕措"号一样，"赛德利茨"号起初设计为海军上将希佩尔级武器装备较轻型的变款，但随后采用与其他姊妹舰相同的设计。1936 年 12 月，这艘重巡洋舰在不来梅 Deschimag（德意志船舶与机械制造股份公司）造船厂铺设龙骨，并于在 1939 年 1 月下水。到 1940 年中期，"赛德利茨"号已完成 95% 的舾装，但后续工作一直没再继续下去。

按照设计，"赛德利茨"号装有 8 门 203 毫米 SK C/33 L/60 主炮，标准排水量 17600 吨，最大巡航速度 32 节。几乎快完工的这艘军舰在不来梅港停到 1942 年 3 月，相关部门才决定把她改成辅助航母。这艘军舰更名为"威悉河"号，但改装工作只进行了一部分，1943 年 3 月彻底停止。这艘没完工的航母后来转移到柯尼斯堡，1945 年 1 月 29 日，红军先遣部队到达港口区，德国人凿沉了这艘军舰。

"吕措"号重巡洋舰

"吕措"号是海军上将希佩尔级重巡洋舰的五号舰，也是最后一艘。德国人起初把她设计为海军上将希佩尔级的武器装备较轻型的变款，但随后改成与其他姊妹舰相同的设计。1937 年 8 月，这艘重巡洋舰在不来梅 Deschimag 造船厂铺设龙骨，于 1939 年 7 月列装德国海军。舾装工作进行之际，苏德签订了《莫洛托夫 - 里宾特洛甫条约》，德国把尚未竣工的"吕措"号卖给苏联。4 月 15 日，这艘军舰被拖到列宁格勒，并更被名为"彼得罗巴甫洛夫斯克"号。

按照设计，"吕措"号完工后的标准排水量 17600 吨，装有 8 门 203 毫米 SK C/33 L/60 主炮。让人困惑的是，卖出这艘军舰后，德国人把"德意志"号袖珍战列舰重新归入重巡洋舰，还将其更名为"吕措"号。

"埃姆登"号轻巡洋舰

"埃姆登"号是第一次世界大战结束后，魏玛共和国海军建造的第一艘大型军舰。她的标准排水量 5400 吨，主要武器是舰上的八座炮台，每座炮塔安装一门老式的 1916 年型 150 毫米 SK C/16 L/45 主炮，这种不合理的安排是为了遵守《凡尔赛和约》的规定。1942 年，舰上这些老式武器被更换为更现代的 150 毫米 SK C/36 火炮，最大射程被增加到 23300 米。

"埃姆登"号——"埃姆登"号轻巡洋舰担任训练舰期间拍摄的这张照片,能清楚地看到舰体中央两个细长的烟囱,以及长而低矮的舰桥结构。

"埃姆登"号

排水量:满载排水量 7100 吨
尺寸:155.1 米 ×14.2 米 ×5.3 米
推进装置:汽轮机,两轴,10 个锅炉,最大功率 34700 千瓦。
武器:8 门 150 毫米 SK L/45、3 门 88 毫米 SK L/45 火炮;4 具 500 毫米鱼雷发射管
装甲:装甲带 50 毫米;指挥塔 100 毫米;装甲甲板 40 毫米
航速:29.5 节
舰员:30 名军官,445—653 名士兵

    "埃姆登"号战前的大部分服役史是作为海军学员训练舰。这段时期,她也接受了几次重大改进,例如把燃煤锅炉换成燃油锅炉。"埃姆登"号随后参加了 1940 年 4 月德国入侵挪威的行动,跟随命运多舛的"布吕歇尔"号、"吕措"号强行穿越奥斯陆峡湾。1941 年 9 月,她在里加湾为入侵苏联的德国陆军提供火力支援。

    1942—1944 年,"埃姆登"号不是在波罗的海执行训练任务,就是在挪威海岸附近遂行布雷作业。1945 年 2 月 1 日—7 日,这艘几乎已无法行动的军舰降低航速赶往基尔的造船厂大修。盟军的空袭给"埃姆登"号造成严重破坏,导致她严重倾斜,这艘军舰被拖到附近的海肯多夫湾,在那里搁浅。5 月 3 日,"埃姆登"号的舰员凿沉这艘军舰,以免被前进中的英国军队缴获。

"柯尼斯堡"号轻巡洋舰

　　"柯尼斯堡"号是三艘柯尼斯堡级轻型巡洋舰的首舰，1926 年 4 月在基尔的日耳曼尼亚造船厂铺设龙骨，1929 年 4 月 17 日列装海军。这艘轻巡洋舰满载排水量 7800 吨，装甲防护从甲板的 40 毫米到指挥塔的 100 毫米不等，9 门 150 毫米 SK C/25 主炮安装在三座炮塔内，前甲板一座三联装炮塔，后甲板两座偏离的背负式三联装炮塔，9 门主炮各备弹 120 发。"柯尼斯堡"号的副炮包括 2 门 88 毫米 SK L/45 高射炮。

停靠码头的"柯尼斯堡"号——停泊在德国北部港口的"柯尼斯堡"号轻巡洋舰，这张舰艉视图说明了军舰艉部和上层建筑的长度，后甲板安装了两座三联装 150 毫米 SK C/25 主炮炮塔。

"柯尼斯堡"号

排水量：满载排水量 7800 吨

尺寸：174 米 ×15.3 米 ×6.28 米

推进装置：2 台曼 10 缸柴油发动机，4 台齿轮减速式汽轮机，三轴。

武器：9 门 150 毫米 SK C/25 火炮，2 门 88 毫米 SK L/45 高射炮；12 具 500 毫米鱼雷发射管；120 颗水雷

装甲：装甲带 50 毫米；指挥塔 100 毫米；装甲甲板 40 毫米

航速：32 节

舰员：21 名军官，493 名士兵

"柯尼斯堡"号早期在魏玛共和国海军服役期间，担任海军学员训练舰。这艘军舰随后安装了水上飞机弹射器和吊车装置。1940年4月，她参加了德国入侵挪威的行动，隶属第3大队，运送第69步兵师600名士兵前往卑尔根。"柯尼斯堡"号冲入卑尔根港，却被挪威海防炮兵一连三次击中舰艇，军舰严重进水，几乎无法行驶。

4月10日，16架贼鸥式俯冲轰炸机对这艘抛锚的轻巡洋舰发起攻击，以45千克重的炸弹一连命中她五次。"柯尼斯堡"号严重受损，舰体逐渐倾斜，最终倾覆后沉没。这艘军舰的作战生涯仅仅持续了三天就告终结。

"卡尔斯鲁厄"号轻巡洋舰

"卡尔斯鲁厄"号是柯尼斯堡级轻型巡洋舰的二号舰，满载排水量和舰载武器与姊妹舰"柯尼斯堡"号相同。"卡尔斯鲁厄"号以四台齿轮减速式汽轮机推动，最大航速32节。装甲防护方面，主装甲带厚50毫米，装甲甲板厚40毫米。30年代，"卡尔斯鲁厄"号带着海军学员在海外执行了几次巡航训练，还进行了三项重大改装，例如加大舰艉，给两具烟囱安装斜顶，以105毫米火炮替换88毫米火炮。

"卡尔斯鲁厄"号1940年的火力	
主炮	9门150毫米SK C/25火炮
副炮	2门88毫米SK L/45高射炮
鱼雷发射管	舰体中部4具三联装发射管
鱼雷数量	24枚500毫米鱼雷
水雷	120颗

1940年4月8日—9日，"卡尔斯鲁厄"号首次执行重要任务，参加德国入侵挪威的行动。她从不来梅港起航，受领的任务是夺取克里斯蒂安桑港。占领港口后，"卡尔斯鲁厄"号退出峡湾，结果被英国潜艇"倦怠"号发射的两枚鱼雷击中。中弹的"卡尔斯鲁厄"号严重进水，发动机停止工作。舰员放弃了这艘受损严重的军舰，附近的德国鱼雷艇"格赖夫"号又发射了两枚鱼雷，击沉这艘军舰，以免她落入敌人手中。"卡尔斯鲁厄"号的作战史仅有两天，甚至比"柯尼斯堡"号还短。

"科隆"号轻巡洋舰

"科隆"号是柯尼斯堡级轻型巡洋舰的三号舰，也是最后一艘。她1926年8月在基尔铺设龙骨，1928年5月下水，1930年1月15日列装入役。整个1930年，"科隆"号忙着完成舾装，把单门88毫米高射炮换成双联装型。30年代，她和姊妹舰"卡尔斯鲁厄"号一样，也进行了相应的改装。

1940年4月初，"科隆"号参加了入侵挪威的行动。她和姊妹舰"柯尼斯堡"号一同冲向卑尔根，遭受的损伤不太严重。1940年，"科隆"号进入干船坞，为停在B号炮塔顶部的弗莱特讷FL 272直升机安装试验性停机坪。"科隆"号1941—1942年在波罗的海和挪威水域活动，两次进入干船坞后，1943年2月17日在基尔退役。1944年7月，整备完毕的"科隆"号离开干船坞，在挪威水域重新入役。英国轰炸机在奥斯陆峡湾炸伤"科隆"号，迫使她返回威廉港维修。1945年3月30日，美国轰炸机炸中她两次，导致这艘军舰直直地沉入浅水区。神奇的是，她的几门主炮仍露在水面上，因而在战争最后几天，为坚守威廉港接近地的德军地面部队提供了火力支援。

弗莱特讷 FL 272 直升机	
产量	24 架
服役期	1942—1945 年
发动机	西门子 - 哈尔克塞 Sh 14，最大输出功率 120 千瓦
任务	侦察；搜索潜艇
最大航速	150 千米 / 小时

弗莱特讷 FL 272 直升机——整个 1941 年，作为舰载侦察机的弗莱特讷直升机，一直从"科隆"号轻型巡洋舰上的小型停机坪执行试飞任务。德国海军对这款直升机的性能非常满意，订购了 15 架原型机和 30 架量产型。到 1943 年，20 多架 FL 272 直升机在波罗的海、爱琴海、地中海服役。

"莱比锡"号轻巡洋舰

"莱比锡"号是两艘莱比锡级轻型巡洋舰的首舰，1928年4月铺设龙骨，1931年10月列装入役。这艘军舰装有三座三联装150毫米主炮炮塔，标准排水量8100吨，最大巡航速度32节。

1939年末，"莱比锡"号在北海执行布雷任务，结果被一艘英国潜艇发射的鱼雷击中。"莱比锡"号遭到重创，1940年大部分时间待在基尔的干船坞里维修。1941年夏季，轴心国入侵苏联期间，她为地面部队提供炮火支援。1942—1943年，"莱比锡"号在波罗的海训练海军学员，尔后进行了一场重大改装。

"莱比锡"号——与德国其他轻型巡洋舰相比，两艘莱比锡级军舰的侧视图表明，这级轻型巡洋舰只有一根大型斜顶烟囱，而不是两根更窄的烟囱。

"莱比锡"号

排水量：标准排水量8100吨

尺寸：177米 ×16.3米 ×5.69米

推进装置：汽轮机和柴油机，三轴（柴油机在中心轴上）；汽轮机45000千瓦，柴油机9300千瓦

武器：9门150毫米SK C/25火炮，2门88毫米SK L/45高射炮；12具500毫米鱼雷发射管；120颗水雷

装甲：装甲带50毫米；指挥塔100毫米；装甲甲板30毫米

航速：32节

舰载机：3架阿拉多Ar 196水上飞机

舰员：26名军官，508名士兵

1944 年秋，"莱比锡"号加入波罗的海舰队，为竭力阻挡红军向西推进的德军地面部队提供火力支援。1944 年 10 月 14 日，"莱比锡"号冒着浓雾行驶，结果与"欧根亲王"号相撞，舰体几乎被切成两段。"莱比锡"号被拖到哥滕哈芬港后才发现，舰体受损严重，根本无法彻底修复。因此，这艘轻巡洋舰只是被简单地修理了一番，以保持不沉状态而已。红军逼近到港口周围时，"莱比锡"号为德军地面部队提供了炮火支援。

3 月 24 日，"莱比锡"号轻巡洋舰载满疏散的伤兵和难民，跟跟跄跄地驶向海尔，再从那里撤往丹麦，4 月 29 日到达。面对如此恶劣的境地，"莱比锡"号没有参与后续作战行动。

驱逐舰

德国海军主力舰和巡洋舰卓有成效的作战行动，得到护航驱逐舰大力协助。这些驱逐舰为大型军舰提供掩护，还执行搜索和侦察任务。另外，独立行动的驱逐舰还可以遂行布雷任务，或在沿海地区为地面部队提供炮火支援。战前和战争期间，德国建造了 40 艘驱逐舰。我们在这一节要介绍德国六个级别的主力驱逐舰：4 艘 34 型、12 艘 34A 型、6 艘 36 型、8 艘 36A 型、7 艘 36A 型、3 艘 36B 型。

34 型驱逐舰（Z1 到 Z4）

Z1 到 Z4 这四艘驱逐舰 1934—1935 年铺设龙骨，1935 年下水，1937 年列装入役。几艘军舰安装了新型瓦格纳蒸汽轮机，最大输出功率 51453 千瓦，实现了 36 节的最大航速。可事实证明，这套推进系统并不可靠。

34 型驱逐舰满载排水量 3206 吨，主炮是安装在五座炮塔内的 5 门 127 毫米 SK C/34 火炮，前甲板设两座炮塔，后甲板三座。这级驱逐舰的副炮是 3 门 37 毫米、6 门 20 毫米高射炮，外加 8 具鱼雷发射管和 60 颗水雷。

在 1938—1939 年的大多数时间里，这四艘驱逐舰执行训练任务。1940 年 2 月 19 日，第一驱逐舰分舰队奉命进入北海。分舰队编有 3 艘 34 型驱逐舰（Z1、Z3、Z4）和另外 3 艘驱逐舰（Z6、Z13、Z16）。她们穿过德国水雷区已肃清的通道时，Z1 遭到一架海因克尔 He 111 轰炸机攻击，对方误以为 Z1 是英国军舰。这架轰炸机一连命中三次，导致 Z1 断为两截。姊妹舰 Z3 赶来搭救水里的大批幸存者时，可能撞上了英国人布设的水雷，剧烈爆炸后迅速沉没。

　　Z2 是唯一一艘没参加北海行动的 34 型驱逐舰，但她加入第一护航群，1940 年 4 月掩护德国入侵挪威的行动，特别是突袭纳尔维克。护航群随后与 5 艘英国驱逐舰展开激烈的交战，中弹七次的 Z2 严重受损，前主炮和火控系统被炸毁，一座弹药舱严重进水，舰上几处燃起大火。4 月 13 日，英国驱逐舰又给 Z2 造成更多破坏，这艘严重受损的驱逐舰搁浅，以便舰员弃舰登陆。备受摧残的 Z2 最终四分五裂。

　　相比之下，Z4 的战时服役期更长。她参加了 1942 年 2 月的海峡冲刺，以及 1942 年 12 月 31 日的巴伦支海海战。1943 年大多数时间里，Z4 在挪威水域活动。1945 年 4 月，盟军飞机给她造成破坏，此后一直处于维修状态，直到战争结束。

"莱贝雷希特·马斯"号——34 型驱逐舰 Z1 "莱贝雷希特·马斯"号这张右舷图，能清楚地看到舰体中部的鱼雷发射管，以及前方烟囱旁的一艘救生艇。

"莱贝雷希特·马斯"号

舰型：Z1 "莱贝雷希特·马斯"号（34 型驱逐舰）

排水量：满载排水量 3206 吨

尺寸：长 119 米，宽 11.3 米

推进装置：两台汽轮机，总功率 52199 千瓦

武器：5 门 127 毫米火炮，2 门 37 毫米双联装高射炮，6 门 20 毫米高射炮；2 具四联装鱼雷发射管；60 颗水雷。

最大航速：38 节

舰员：315 人

34A 型驱逐舰（Z5 到 Z16）

　　34A 型驱逐舰是 34 型的改进款。12 艘 34A 型（Z5 到 Z16）1935 年铺设龙骨，1937—1939 年列装入役。这些军舰的规格和作战性能与 34 型相同，其中 8 艘（Z5、Z6、Z8、Z9、Z11、Z12、Z13、Z16）1940 年 4 月参加了德国入侵挪威的行动，只有 4 艘在交战中幸存。

第一次纳尔维克海战期间，5 艘英国驱逐舰与德国海军担任护航的 8 艘军舰交战。第二次纳尔维克海战中，4 月 13 日，Z9 企图以鱼雷攻击英国"厌战"号战列舰，Z13 被英国驱逐舰炮火打成一堆熊熊燃烧的残骸，舰员被迫凿沉了军舰。之后，皇家海军困住幸存的德国军舰，Z9 和 Z11 耗尽弹药后在罗姆巴克斯峡湾自沉。Z12 由于发动机故障动弹不得，被英舰炮火击中 21 次，最终沉没。

整个 1941 年，幸存的 8 艘 34A 型驱逐舰继续执行护航和布雷任务，没再遭受损失。但 1942 年 1 月底，Z8 迅速穿越英吉利海峡期间，误触两颗水雷后沉没。1942 年 4 月 30 日，Z7、Z24、Z25 从挪威北部出发，赶去拦截 QP11 护航船队。

5 月 2 日，几艘德国驱逐舰遭遇英国皇家海军"爱丁堡"号轻巡洋舰，这艘轻巡洋舰已被一艘 U 型潜艇发射的鱼雷炸伤，可她还是两次命中 Z7，导致这艘驱逐舰丧失了行动能力，最后被迫自沉。

1942 年 12 月 31 日，Z16 参加了巴伦支海海战，为"海军上将希佩尔"号护航。英国皇家海军"谢菲尔德"号巡洋舰突然出现，Z16 两分钟内被击中五次，舰体断为两截。战争剩下的日子里，尚存的 5 艘 34A 型驱逐舰（Z5、Z6、Z10、Z14、Z15）继续服役。1944—1945 年，红军攻入东普鲁上和波美拉尼亚，Z5 忙着疏散德国伤兵和平民。

战争最后三周，3 艘 34A 型驱逐舰（Z6、Z10、Z14）离开挪威赶往波罗的海，力图从东部疏散尽可能多的德国人，以免他们落入苏联人手中。

36 型驱逐舰（Z17 到 Z22）

36 型驱逐舰是前两个级别的改进、扩大型，共建造了 6 艘。1936—1938 年这 6 艘军舰在不来梅铺设龙骨，1938 年 8 月—1939 年 9 月列装入役。这些驱逐舰标准排水量 2450 吨，重新设计的舰艏让她们比 34 型、34A 型驱逐舰更适合在海上航行。

1939 年秋季到 1940 年，这些驱逐舰执行的任务是支援入侵波兰的行动，并在北海布雷。1940 年 4 月，这级驱逐舰中的 5 艘（Z17、Z18、Z19、Z21、Z22）参加了德国入侵挪威的行动，护送登陆部队进攻纳尔维克。1940 年 4 月 10 日首次纳尔维克海战期间，奥福特峡湾爆发激战，5 艘英国 H 级驱逐舰在罗姆巴克斯峡湾把 Z21、Z22 打得猝不及防。经过一场激烈的遭遇战，英军炮火击沉这两艘驱逐舰。三天后，英国皇家海军一支特遣舰队再次闯入奥福特峡湾。

第二次纳尔维克海战接踵而至，几艘德国驱逐舰奋战到弹药耗尽。完好无损的 Z19 撤到赫尔扬斯峡湾，Z18 退回罗姆巴克斯峡湾，两艘驱逐舰随后自沉。Z17 仍停泊在纳尔维克港口，结果被英舰炮火击沉。因此，到 4 月 13 日，6 艘 36 型驱逐舰损失了 5 艘。

仅剩的 36 型驱逐舰 Z20，作战服役生涯持续到战争结束，整个 1941 年一直在挪威水域活动。1945 年初，为了把德国伤兵和平民撤离遭受红军威胁的东普鲁士和波美拉尼亚，Z20 参加了疏散行动。

德国西北部投降后，新元首邓尼茨元帅 5 月 5 日命令海军一切可用舰船火速向东，穿过波罗的海，抢在德国无条件投降前，把尽可能多的德国人从海尔半岛和库尔兰这两处飞地救出。Z20 听从了邓尼茨的号召，迅速开赴海尔。5 月 8 日，这艘驱逐舰载着 2000 名士兵向西而去，5 月 10 日向弗伦斯堡的英国军队投降。

Z20"卡尔·加尔斯特"号——1945 年 5 月 8 日，Z20 展开最后的殊死努力，解救东普鲁士但泽北面海尔半岛东端的德军部队。德国无条件投降前几小时，这艘挤满 2000 人的军舰向西驶去。没能挤上军舰的倒霉蛋，划着木筏拼命向西逃往安全处。

Z20"卡尔·加尔斯特"号（36 型驱逐舰）

排水量：2450 吨
尺寸：长 123.4 米，宽 11.8 米
推进装置：6 台水管式锅炉，总功率 51000 千瓦
武器：5 门 127 毫米主炮，2 门 37 毫米双联装高射炮，7 门 20 毫米 C/30 高射炮；2 具四联装 533 毫米鱼雷发射管；60 颗水雷
最大航速：36 节
舰员：323 人

36A "纳尔维克"型驱逐舰（Z23 到 Z30）

从设计方案看，这个级别未命名的 8 艘驱逐舰，本打算在后甲板安装三座威力强大的 150 毫米火炮单装炮塔，在前甲板安装一座双联装炮塔，德国人通常把 150 毫米主炮用于轻型巡洋舰，而不是驱逐舰。但由于双联装炮塔短缺，这 8 艘驱逐舰最初建造时只安装了一座单装前炮塔；随后，这一级的 4 艘军舰（Z23、Z24、Z25、Z29）把单装前炮塔换成双联装炮塔。这样一来，几艘驱逐舰就配备了 5 门威力强大的 150 毫米主炮，而不是 4 门。与之前几个级别的驱逐舰相比，她们的火力显然更加强大。

这些驱逐舰的标准排水量介于 2643 吨到 2700 吨之间，齿轮减速式汽轮机输出功率 52199 千瓦，这让她们的最大航速达到惊人的 37.5 节。尽管德国人从以往的设计吸取了经验教训，但 36A 型驱逐舰仍不太适应波涛汹涌的海况，双联装前炮塔的重量加剧了这个问题。

8 艘驱逐舰 1938—1940 年在不来梅威悉河造船厂铺设龙骨，1940 年 9 月到 1941 年 11 月间列装入役。1943—1945 年，所有幸存的舰只加强对空防御力量，增添了额外的 37 毫米、20 毫米高射炮。

Z26——Z26 是 36A 型驱逐舰依然保留 150 毫米单装前炮塔的四艘军舰之一；舰体中部，第二个烟囱两侧，两具四联装鱼雷发射管清晰可见。

Z26（36A 型驱逐舰）

排水量：2700 吨
尺寸：长 127 米，宽 12 米
推进装置：两台汽轮机，总功率 52199 千瓦
武器：4 门 150 毫米主炮；4 门 37 毫米 SK C/30、8 门 20 毫米 C/30 高射炮；8 具 533 毫米鱼雷发射管
最大航速：37.5 节
舰员：320 人

Z25（36A 型驱逐舰）——Z25 是 36A 型驱逐舰在战争中幸存下来的三艘军舰之一，战后更名为"奥什"号，加入法国海军服役，1956 年退役，1961 年报废。

这个级别的驱逐舰，只有三艘（Z25、Z29、Z30）在战争中幸免于难。1942 年 3 月 29 日，挪威北部的巴伦支海海战中，Z26 被英国巡洋舰和驱逐舰炮火击沉。1943 年 12 月 28 日，德国海军 5 艘驱逐舰和 6 艘鱼雷艇对 2 艘英国轻巡洋舰发起攻击，在这场历时 3 小时的比斯开湾海战中，英舰炮火击沉了 Z27。

接下来损失的"纳尔维克"型驱逐舰是 Z23。1944 年 8 月 12 日，盟军轰炸机重创 Z23，随后炸沉了这艘驱逐舰。大约 12 天后，盟军轰炸机又在吉伦特河口击沉了 Z24。这级驱逐舰损失的最后一艘是 Z28，1945 年 3 月 6 日在萨斯尼茨港被盟军轰炸机炸沉。1944 年 10 月，Z30 在奥斯陆峡湾遭重创，战争结束前一直无法行驶。

36A "Mob" 型驱逐舰（Z31 到 Z34，Z37 到 Z39）（Mob 是 Mobilmachung 的缩写，也就是战时动员的意思）

这一级的 7 艘军舰与前一级驱逐舰类似。除了 Z31，另外 6 艘都安装了 150 毫米双联装前炮塔，也就是说，这 6 艘驱逐舰都配备 5 门 150 毫米主炮，但舰艇增加的重量不利于适航性。1944 年，Z31 拆除单装前炮塔，换上双联装炮塔；1945 年初维修期间，Z31 又把这座双联装炮塔换成单装 105 毫米火炮。

这 7 艘驱逐舰 1940—1941 年年间铺设龙骨，1942 年 4 月 11 日—1943 年 8 月 21 日列装入役。不来梅威悉河造船厂营造了其中 4 艘（Z31 到 Z34），基尔的日耳曼尼亚造船厂建造另外 3 艘。这些军舰排水量 2645 吨，满载油料的情况下，续航力达到 5127 海里。

1943 年，Z32 和 Z37 参加了一连串行动，努力提高突出、突入法国大西洋海岸港口的能力。Z36 参加了 1943 年 12 月 28 日的比斯开湾海战，但幸免于难，只轻微受损。12 月 30 日，Z37 与 Z32 在比斯开湾相撞，Z37 严重受损。在将 Z37 拖回波尔多后，技术人员认为这艘驱逐舰已无法修复，于是，它们在拆除了舰上的火炮后，于次年 8 月 24 日凿沉了这艘军舰。

Z38——战争最后时刻，海尔半岛残存的德军官兵即将被苏联红军俘获，Z38 为解救这批人员付诸了最后的努力。英国皇家海军缴获这艘军舰后，把她更名为"无双"号（D107）纳入麾下。

36A（Mob）型驱逐舰

排水量：2645 吨
尺寸：长 127 米，宽 12 米，吃水 4.62 米
推进装置：两台汽轮机，总功率 51000 千瓦
武器：5 门 150 毫米主炮；4 门（后来增加到 14 门）37 毫米炮、12 门（后来增加到 18 门）20 毫米高射炮；8 具 533 毫米鱼雷发射管；60 颗水雷；4 具深水炸弹发射器。
最大航速：37.5 节
舰员：330 人

6月9日，也就是诺曼底登陆三天后，包括Z32在内的3艘德国驱逐舰从布雷斯特赶赴瑟堡途中遭到盟军8艘驱逐舰拦截。韦桑岛海战随之爆发，遭炮火重创的Z32在巴茨岛坐滩，随后自沉。

另外5艘驱逐舰（Z31、Z33、Z34、Z38、Z39）服役到战争结束。Z31整个1943年一直在挪威水域活动，掩护大型舰只执行一系列重要的行动。在威悉明德进行八个月的改装后，Z31返回挪威水域。最后，她和Z34、Z38被调往波罗的海，为德军地面部队提供火力支援。

1943—1944年的大多数时间，Z33、Z34、Z38都在挪威水域活动，1945年初，Z34和Z38被调回波罗的海，执行从东部疏散德方人员和提供炮火支援的任务。5月7日—9日，Z38和Z39参加了最后的行动，全力疏散海尔半岛上的德方人员。

驱逐舰名称			
舰名	型号	舰名	型号
Z1"莱贝雷希特·马斯"号	34型	Z12"埃里希·吉泽"号	34A型
Z2"格奥尔格·蒂勒"号	34型	Z13"埃里希·克尔纳"号	34A型
Z3"马克斯·舒尔茨"号	34型	Z14"弗里德里希·伊恩"号	34A型
Z4"里夏德·拜岑"号	34型	Z15"埃里希·施泰因布林克"号	34A型
Z5"保罗·雅各比"号	34A型	Z16"弗里德里希·埃科尔特"号	34A型
Z6"特奥多尔·里德尔"号	34A型	Z17"迪特尔·冯·勒德尔"号	36型
Z7"赫尔曼·舍曼"号	34A型	Z18"汉斯·吕德曼"号	36型
Z8"布鲁诺·海涅曼"号	34A型	Z19"赫尔曼·金内"号	36型
Z9"沃尔夫冈·岑克尔"号	34A型	Z20"卡尔·加尔斯特"号	36型
Z10"汉斯·洛迪"号	34A型	Z21"威廉·海德坎普"号	36型
Z11"贝恩德·冯·阿尼姆"号	34A型	Z22"安东·施密特"号	36型

36B型驱逐舰（Z35、Z36、Z43、Z44、Z45）

36A（Mob）型驱逐舰在前甲板安装150毫米双联装炮塔，结果给适航性造成负面影响，这种情况促使德国海军为战争期间建造的最后一级驱逐舰（36B型）安装了五座125毫米SK C/36 L/45主炮单装炮台。这级驱逐舰满载排水量3600吨，搭载两台功率26099千瓦的瓦格纳齿轮减速式汽轮机，实现了36.5节的最大航速。德国海军起初订购8艘，后又取消了3艘（Z40、Z41、Z42）。剩下的5艘（Z35、Z36、Z43、Z44、Z45）1941—1942年在不来梅铺设龙骨，其中3艘（Z35、Z36、

Z43）1943 年 9 月—1944 年 3 月列装入役。第四艘 Z44 即将入役之际，在盟军 1944年 7 月 29 日的空袭中严重受损，直到战争结束也没能投入使用。最后一艘 Z45 只完成了一部分，德国海军 1944 年底决定停工。

1944 年大多数时间，Z35、Z36、Z43 隶属波罗的海第 6 驱逐舰分舰队。1944年 12 月 12 日，这些军舰参加了爱沙尼亚海岸附近布设水雷的行动，Z35 和 Z36 都在不经意间误触德国水雷后沉没。1945 年初，Z43 为科尔贝格地区提供舰炮火力支援，4 月 10 日触雷后丧失战斗力，舰员 5 月 3 日凿沉了这艘军舰。

小型战斗舰艇

虽说驱逐舰是德国海军主要的护卫舰只，但其他小型战斗舰艇也为德国的海上作战发挥了重要作用。我们在这一节要研究此类舰艇中最重要的四种类型：T 级鱼雷艇，S 级快速鱼雷艇，小型扫雷艇（R-boat），M 级扫雷舰。

鱼雷艇是标准排水量 600 吨—1900 吨的快速舰艇，配备火炮和六具鱼雷发射管。更小的快速鱼雷艇（MTB）排水量 100 吨左右，装有两具鱼雷发射管。排水量 60吨—160 吨的 R-boat 是多用途摩托艇，经常充当辅助扫雷艇。更大的 M 级舰艇排水量 550 吨—725 吨，是专用扫雷舰。

鱼雷艇

战争期间，德国有 69 艘鱼雷艇，包括 14 艘一战时期的老式舰艇。其中 6 艘以猛禽命名，另外 6 艘以猛兽命名，12 艘 35 型没有命名（T1 到 T12），还有12 艘 37 型（T13 到 T21）、15 艘 39 型舰队鱼雷艇（T22 到 T36）、4 艘缴获的舰艇。以猛禽命名（包括"秃鹰"）的 6 艘鱼雷艇，1926—1927 年列装入役，是现有一战时期鱼雷艇的扩大型。

以猛禽命名的 6 艘鱼雷艇，标准排水量 939 吨，最大航速 33 节，装有 3 门 105毫米主炮和 6 具 533 毫米鱼雷发射管。这 6 艘鱼雷艇都在战争期间损毁：1 艘在1940 年入侵挪威期间被炮火击沉；1 艘在 1942 年中期被英国鱼雷快艇击沉；另外 4艘毁于 1944 年夏季盟军的轰炸。

以猛兽命名的 6 艘鱼雷艇 1929 年入役，标准排水量 950 吨，装有 5 具鱼雷发射管，外加 3 门 105 毫米主炮或 3 门 127 毫米主炮。1939—1944 年，这 6 艘鱼雷艇悉数损毁。1937—1939 年下水的 12 艘 35 型鱼雷艇（T1 到 T12），是较早级别吨位更小、航速更快的型号，搭载 6 具鱼雷发射管，但只安装了 1 门 105 毫米主炮。5 艘 35 型鱼雷艇被盟军的轰炸和两颗水雷炸沉。

23 型鱼雷艇——23 型鱼雷艇"海鹰"这张照片清晰地表明了艇上尺寸更大的前烟囱和中等大小的舰桥。从照片看，这艘鱼雷艇正呈直角加速穿过几艘吨位更大的德国水面舰艇。

23 型鱼雷艇"海鹰"

排水量：满载排水量 1290 吨
尺寸：长 87.7 米，宽 8.43 米
推进装置：两台汽轮机，功率 17151 千瓦
武器：3 门 150 毫米主炮；7 门 20 毫米高射炮；6 具 533 毫米鱼雷发射管；30 颗水雷。
最大航速：33.6 节
艇员：120—129 人

1940—1942 年建造的 12 艘 37 型鱼雷艇（T13 到 T21），与 35 型类似，但安装 37 毫米而不是 20 毫米高射炮。之后，针对盟军日益加剧的空中威胁，这些鱼雷艇增添的 20 毫米高射炮多达 10 门。战争期间，这些鱼雷艇中的 4 艘（T13、T15、T16、T18）毁于盟军的轰炸。15 艘 39 型"埃尔宾"舰队鱼雷艇（T22 到 T36），标准排水量 1315 吨，载有 6 具鱼雷发射管，还安装了 4 门 105 毫米主炮和 9 门口径较小的高射炮。

6 艘 39 型鱼雷艇参加了 1943 年 12 月的比斯开湾海战，英舰炮火击沉了 T25 和 T26。四个月前，T20、T30、T32 在芬兰湾误触德国水雷后沉没。这级鱼雷艇取得的最大战果是 1943 年击沉一艘英国轻巡洋舰。

快速攻击艇

德国 S 级快速攻击艇（或称为快速鱼雷艇，盟军的说法是 MTB），是一款吨位小、航速快的鱼雷艇，载有 2 具鱼雷发射管、布雷装置、小口径高射炮，通常在沿海水域作业。常见的快速攻击艇排水量 100 吨左右，航速高达 40—44 节，最大作战半径 1481 千米。

快速攻击艇的三个主要类型是：早期的低艏楼艇（包括 S1、S7、S14 批次）；战争中期的高艏楼艇（S26 和 S30 级）；战争后期的低装甲舰桥艇（S139 和 S170 子级）。7 艘 S7 艇（S7 到 S13）是第一个标准化批次，标准排水量 86 吨，装有 1 门 20 毫米 Flak 30 高射炮。相比之下，4 艘 S14 艇（S14 到 S17）排水量 100 吨，搭载两台曼公司的 11 缸柴油发动机，可事实证明，这款发动机并不可靠。

快速攻击艇的战争中期级（S26、S30、S100 级）升高了艏楼，这就挡住了鱼雷发射管。超过 91 艘的 S26 级排水量 100 吨，以三台 20 缸 DB 发动机提供动力，这些攻击艇的最大航速达到 41 节。

16 艘 S30 级（S30 到 S37，S54 到 S61），以三台较小的 16 缸 DB 柴油发动机驱动，最大巡航速度 36 节。与以往装载 4 枚鱼雷的攻击艇不同，S30 载有 6 枚鱼雷，艇上装有 1 门朝向艉部的 20 毫米高射炮，还装备了 2 挺机枪。

S100 级搭载三台 DB MB-501 柴油发动机，最大航速 44 节，装有 4 门 37 毫米或 20 毫米高射炮。快速攻击艇的最后一个类型，采用了重新设计的矮装甲舰桥结构。S139 和 S170 子级长 36 米，搭载三台 DB MB-511 增压发动机。

快速攻击艇在诸多沿海水域活动，包括挪威沿岸、波罗的海、英吉利海峡、被占领法国的沿海水域、地中海、黑海。整个战争期间，快速攻击艇击沉 101 艘商船、12 艘盟军驱逐舰、28 艘其他海军舰只，这些快速攻击艇布设的水雷，炸沉 38 艘商船和 7 艘军舰。德国人仅在英吉利海峡就损失了 83 艘快速攻击艇。

S 级快速攻击艇——S 级快速攻击艇的子级别 S-139，由于安装了高度明显降低的装甲舰桥，因而舰体轮廓比原先几个型号更低矮。

S 级快速攻击艇

排水量：满载排水量 80.17 吨
尺寸：32.76 米 ×5.06 米 ×1.47 米
推进装置：三台戴姆勒 - 奔驰 MT 502 船用柴油发动机，功率 2950 千瓦
武器：3 门 20 毫米双联装 C/30 高射炮；1 门 37 毫米 Flak 42 高射炮；2 具 533 毫米鱼雷发射管（4 枚鱼雷）
最大航速：43.8 节
艇员：24—30 人

潜艇

除了上文介绍的水面舰艇，主导德国海军战时行动的另一种兵器是潜艇。这种作战兵器称为潜艇（Unterseeboote）或 U 艇。德国海军入役的 1156 艘潜艇没有艇名，而是以字母 U 前缀加上个唯一的数字，从 1 到 4712。

大西洋战役期间，德国人企图切断盟军急需的补给物资，双方展开激烈、持续不停的水下斗争，构成整场战争一个关键方面。随着 U 艇的作战部署达到顶峰，1942 年 8 月—1943 年 7 月大多数日子里，在海上活动的德国潜艇达到 100 多艘。战争期间，德国潜艇击沉的船运超过 1400 万总吨位。

我们在这一节要介绍 U 艇的六个主要型号：Ⅰ 型和 Ⅱ 型；各种 Ⅶ 型；Ⅶ C/41 型；ⅩⅪ 和 ⅩⅩⅢ 型"电动潜艇"；最后是各种专用型潜艇。

基尔港——1939 年上半年某个时候，三艘战前的Ⅶ A 型潜艇（U-27 号、U-33 号、U-34 号）停泊在基尔造船厂的"布吕歇尔桥"附近。左侧停泊着两艘Ⅱ A 型潜艇。

Ⅰ型、Ⅱ型潜艇

两艘Ⅰ A 型潜艇是德国海军首次尝试发展远洋作战潜艇的结果。这两艘潜艇 1935 年夏季铺设龙骨，1936 年春季列装入役。Ⅰ A 型潜艇水下排水量 981 吨，搭载两台曼公司的柴油发动机和两部双作用电动机。这型潜艇以 4 节航速行驶时，水下续航力只有 144 千米，但水面续航力达到 14600 千米，相当惊人。事实证明，Ⅰ A 型潜艇很难操控，而且下潜速度缓慢。这些潜艇共击沉 18 艘盟国商船。

1934—1940 年，德国人还建造了 50 艘Ⅱ型海岸巡逻潜艇，这种小型潜艇分为四个子型号：Ⅱ A、Ⅱ B、Ⅱ C、Ⅱ D。ⅡA 型潜艇水下排水量 310 吨，最大航速 6.9 节，以 4 节航速行驶时，水下最大续航力只有 55 千米。

U-2 号——这艘潜艇在基尔建造，1935 年列装入役。1940 年执行了两次战斗巡逻后，U-2 号在东普鲁士皮劳的第 21 训练支队担任"校船"。

U-2 号潜艇（ⅡA 型）

排水量：水下排水量 310 吨

尺寸：长 43.9 米，宽 4.8 米

推进装置：（水面）522 千瓦的柴油机；（水下）306 千瓦的电动机

武器：3 具 533 毫米鱼雷发射管；1 门（后期安装）20 毫米高射炮

续航力：（水面）8 节航速可达 2575 千米；（水下）4 节航速只有 55 千米

最大航速：（水面）13 节；（水下）6.9 节

艇员：22—24 人

IIA 型潜艇携带 5 枚鱼雷，从艇艏的三具鱼雷发射管发射。16 艘 IID 型潜艇稍重些，水下排水量 314 吨，以 4 节航速行驶时，水下最大续航力达到 104 千米。德国人最初的想法是，这型潜艇主要用于训练，但从 1940 年起，也派她们在英国沿海水域执行战斗巡逻任务。

ⅦA、ⅦB、ⅦC 型潜艇

Ⅶ型中程柴电攻击潜艇是战争期间最常见的 U 艇，德国共建造了 590 艘Ⅶ A、Ⅶ B、Ⅶ C 型潜艇。1935—1937 年，他们建造了 10 艘Ⅶ A 型潜艇。

Ⅶ A 型潜艇以曼公司两台 179 千瓦的柴油发动机驱动，在水下使用两台 279 千瓦的双作用电动机，水下最大航速 7.6 节，以 4 节航速稳定航行时，水下最大续航力 150 千米。潜艇艇艏装有 4 具，艇艉装有 1 具鱼雷发射管，共携带 11 枚鱼雷。另外，潜艇上层甲板还安装了 1 门 88 毫米火炮。这型潜艇的最大下潜深度 220 米。除 2 艘外，盟军的行动击沉了所有Ⅶ A 型潜艇。

1936—1941 年年间建造的 24 艘Ⅶ B 型潜艇加大了续航力。这型潜艇安装了外置油箱，水面续航力从 10000 千米增加到 14000 千米。Ⅶ B 型潜艇比前期型号多载3 枚鱼雷，有两个而不是一个艇舵。事实证明，这型攻击潜艇的作战效用相当强大。例如 1939—1941 年，U-48 号执行了 12 次战斗巡逻，击沉 51 艘商船。同一时期，U-47号在斯卡帕湾击沉英国皇家海军"皇家橡树"号战列舰，还执行了 10 次战斗巡逻，击沉 30 艘商船。

战争期间投入数量最多的 U 艇是Ⅶ C 型，德国人 1938—1944 年年间建造了568 艘。与Ⅶ B 型相比，Ⅶ C 型的尺寸和排水量更大，水下排水量达到 885 吨，比Ⅶ B 型多了几乎 14 吨。Ⅶ C 型潜艇搭载曼公司两台 179 千瓦的柴油发动机，在水下使用两部 279 千瓦的双作用电动机，水下最大航速 7.6 节，以 4 节航速稳定航行时，水下最大续航力 150 千米。这型潜艇还首次安装了主动式声呐装置。

1940 年 6—10 月这段"快乐时期"，德国潜艇击沉 282 艘船只（149 万总吨位），部分Ⅶ C 型潜艇参与其中。随着盟军大力加强反潜措施，这些Ⅶ C 型潜艇面临的任务越来越艰巨，到 1944 年，德国潜艇几乎已输掉大西洋战役。

港口内的Ⅶ A 型潜艇——3 艘战前的Ⅶ A 型潜艇，U-30 号、U-31 号、U-32 号系泊在造船厂，注意潜艇指挥塔上硕大的白色识别号，发生战争的话，会涂掉识别号。U-32 号甲板上安装的 88 毫米火炮清晰可见。

遭受攻击——这张戏剧性的照片，捕捉到海面上一艘德国潜艇遭受盟军海上反潜机攻击的一刻。

Ⅶ B 型潜艇——1940—1941 年，许多Ⅶ B 型潜艇大肆猎杀盟国船只，战果颇丰。但图中这艘 U-76 号只完成了一项任务，就在 1941 年 4 月 5 日被英国军舰击沉。

U-76 号潜艇（Ⅶ B 型）

排水量：水下排水量 773 吨

尺寸：长 61.7 米，宽 6.2 米

推进装置：（水面）1588 千瓦的柴油机；（水下）559 千瓦的电动机

武器：5 具 533 毫米鱼雷发射管；1 门 88 毫米甲板炮；2 门 20 毫米高射炮

续航力：（水面）10 节航速可达 12040 千米；（水下）4 节航速可达 151 千米

VII C 型潜艇——在埃姆登建造的 U-333 号，可以说是无处不在的 VII C 型潜艇的典型代表。1941—1944 年，她执行了 12 次战斗巡逻，1944 年 7 月 31 日被英国军舰投掷的深水炸弹炸沉。

U-333 号潜艇（VII C 型）

排水量：水下排水量 871 吨

尺寸：长 66.5 米，宽 6.2 米

推进装置：（水面）2089 千瓦的柴油机；（水下）559 千瓦的电动机

武器：5 具 533 毫米鱼雷发射管；1 门 88 毫米甲板炮；1 门高射炮

续航力：（水面）10 节航速可达 15700 千米；（水下）4 节航速可达 150 千米

最大航速：（水面）17.7 节；（水下）7.6 节

艇员：44—52 人

战果最辉煌的一些 U 艇出自这个级别：例如 1940—1944 年，U-552 号执行了 15 次战斗巡逻，击沉 30 艘商船和 2 艘军舰；U-96 号执行了 11 次战斗巡逻，击沉 27 艘商船。1944—1945 年，大约 130 艘幸存的 VII C 型潜艇翻新后装上 Schnorchel（水下通气管），这套装置能让潜艇待在水面下，启动柴油发动机为潜艇上的电动机电池充电。

VII C/41 型潜艇

无处不在的 VII 系列远洋潜艇，最后一个子型号是 VII C/41 型，1941—1945 年年间建造了大约 91 艘。参与建造这些潜艇的不下九家造船厂，包括吕贝克的弗兰德造船厂和埃姆登的北海造船厂。

这些潜艇的技术规格和性能，与 VII C 型姊妹艇大体类似。但 VII C/41 型潜艇使用加强艇体，最大下潜深度增加了 10 米，达到 230 米。与姊妹艇一样，VII C/41 型潜艇最大水面航速 17.7 节，最大水下航速 7.6 节。

VII C/41 型潜艇的水面续航力达到 15700 千米，相当惊人，以 4 节航速稳定航行时，水下最大续航力 150 千米。

U-1025 号——ⅦC/41 型潜艇与标准款ⅦC 型相似，以更厚的钢板制成，因而能下潜得更深。

U-1025 号潜艇（ⅦC/41 型）

排水量：水下排水量 874 吨

尺寸：长 67.2 米，宽 6.2 米

推进装置：（水面）2089 千瓦的柴油机；（水下）559 千瓦的电动机

武器：5 具 533 毫米鱼雷发射管（14 枚鱼雷）；1 门 20 毫米四联装高射炮；2 门 20 毫米双联装高射炮

续航力：（水面）10 节航速可达 12040 千米；（水下）4 节航速可达 150 千米

最大航速：（水面）17.7 节；（水下）7.6 节

艇员：44 人

值班——艇号不明的一艘 U 艇上，4 名艇员穿戴着雨衣雨帽，端着望远镜巡视海面，搜寻敌人的舰船。

后期建造的Ⅶ C/41 型潜艇，大约有 30 艘安装了 Schnorchel 通气装置。另外，为简化生产程序，德国人在弗伦斯堡和不来梅建造的最后 17 艘Ⅶ C/41 型潜艇都被去除了布雷装置。除此之外，最后 9 艘Ⅶ C/41 型潜艇还被贴上了一层内置空洞的试验性合成橡胶"消声瓦"，减小了潜艇发出的信号，让主动式和被动式声呐装置难以发现。

1944 年秋季—1945 年 1 月入役的最后 6 艘Ⅶ C/41 型潜艇，安装了新式增强型被动式声呐水听器，这套装置以艇身两侧的 48 个小型水听器组成，旨在监听附近敌舰船发出的动静，重要的是，即便潜艇待在潜望镜深度，这套装置也能有效地工作。

1943—1944 年年间，大批Ⅶ C/41 型潜艇执行了战斗巡逻，而盟军此时采取的反潜措施越来越有效，给逡巡在海上的 U 艇造成极为惨烈的损失。大西洋战役极度危险，证明这一点的是，战争期间，盟军采取的行动击沉了不下 39 艘Ⅶ C/41 潜艇。

Ⅸ型潜艇

1936—1944 年年间，德国建造了大约 173 艘Ⅸ型大型远洋潜艇，其中包括 8 艘Ⅸ型、14 艘Ⅸ B 型、54 艘Ⅸ C 型、87 艘Ⅸ C/40 型、30 艘Ⅸ D 型。采用战前标准的Ⅸ型潜艇，其水下排水量为 1170 吨，如果它以 10 节水面持续巡航速度来航行的话，其最大续航力可达到 16900 千米。这种潜艇的正常下潜深度为 100 米，最大下潜深度为 200 米。Ⅸ型大型远洋潜艇在艇艏安装有 4 具，在艇艉安装有 2 具鱼雷发射管，其弹药舱通常会储存 22 枚鱼雷，另外 10 枚鱼雷则会被安装在外置容器内。

1940—1944 年年间，德国建造了 87 艘Ⅸ C 型潜艇，这型潜艇水下排水量 1251 吨，大于标准的Ⅸ型，水面最大续航力也更大，以 10 节航速巡航时可达 22200 千米。德国潜艇在非洲和美洲海岸附近展开的反护航行动，Ⅸ型潜艇充当了急先锋。德国 1937—1940 年建造的 14 艘Ⅸ B 型潜艇，水面最大续航力也达到 19300 千米。这些潜艇的作战表现，可以说在所有 U 艇里无出其右，每艘潜艇平均击沉 100000 多总吨位的敌方船舶，但在此过程中，11 艘潜艇被击沉，还有 1 艘被俘获。

U-107 号——以战争期间的击沉战果计，U-107 号IX B 型潜艇是排名第五的 U 艇，1941—1944 年执行了 13 次战斗巡逻，击沉 37 艘盟军舰船，1944 年 8 月 18 日，英国一架"桑德兰"水上飞机投下深水炸弹，把她炸沉在比斯开湾。

U-107 号潜艇（IXB 型）

排水量：水下排水量 1170 吨

尺寸：长 78.5 米，宽 6.7 米

推进装置：（水面）3281 千瓦的柴油机；（水下）745 千瓦的电动机

武器：4 具 533 毫米鱼雷发射管；1 门 105 毫米甲板炮；2 门高射炮

续航力：（水面）10 节航速可达 19300 千米；（水下）4 节航速可达 103 千米

最大航速：（水面）17.5 节；（水下）6.9 节

艇员：48—56 人

XXI型电动潜艇

1944—1945 年，德国海军满怀期望，想投入新一代强大的"电动潜艇"，以这种配备 Schnorchel 通气装置的流线型潜艇打一场持续的潜艇战，重新夺回海上战争的战略主动权。1942—1943 年，德国海军研发了两种电动潜艇：排水量较大的XXI型，针对远航大西洋的行动做出优化；排水量较小的XXIII型，执行近程沿海水域巡逻任务。这些深具革命性的新式潜艇，具有符合流体动力学的流线型艇体，可以长期在水下潜航，只要偶尔浮出水面即可。她们是世界上第一款真正的潜艇，而不仅仅是潜水器。

XXI型潜艇水面排水量 1621 吨，装有两台曼公司的柴油发动机，两部双作用电动机，蓄电池容量是VII C 型潜艇的三倍。因此，XXI型潜艇能以 5 节航速在水下潜航 72 小时，然后才需要浮出水面给电池充电。利用 Schnorchel 通气管，充电工作能在 5 小时内完成。

Schnorchel——*Schnorche* 通气管的特写；1944—1945 年，Ⅶ C 型和Ⅶ C/41 型潜艇安装或改装了大约 160 个这种通气管；新一代"电动潜艇"都安装了这种装置。

XX I 型潜艇的最大潜航速度达到惊人的 17.2 节，只使用静音电动机驱动的话，航速也有 6.1 节。电动潜艇以 5 节稳定航速航行，水下最大续航力 630 千米。与以往的潜艇相比，XX I 型潜艇的潜航速度和续航力令人惊叹不已。

1943—1945 年，汉堡、不来梅、但泽的造船厂建造了 118 艘 XX I 型潜艇。到 1945 年 1 月 1 日，德国海军已列装 62 艘 XX I 型潜艇，但这些潜艇的艇员还需要在波罗的海完成训练任务。盟军采取的行动给这项工作造成严重妨碍，他们空投水雷，反复实施空袭，还派水面舰只巡逻。因此，直到 1945 年 3 月，第一批 XX I 型潜艇才勉强做好战斗准备。

由于英国和加拿大地面部队不断攻往德国北部，德国海军司令部得出结论，挪威的 U 艇基地，而非德国西北部潜艇基地，才是现在发起"电动潜艇"新攻势的最佳地点。因此，1945 年 2—4 月，头 6 艘勉强可用于作战的 XX I 型潜艇从波罗的海驶往挪威南部港口。

尽管战争即将结束，可德国人似乎仍幻想从挪威国土继续从事抵抗，确保"电动潜艇"攻势顺利展开。例如，5 月 3 日—5 日，德国的军舰、商船、潜艇（包括 5 艘勉强可用的 XX I 型）离开基尔港，开赴挪威南部。对盟军来说幸运的是，没等德国人以大批威力强大的 XX I 型潜艇发动持续的攻势，战争就结束了。

XX I 型潜艇的首次作战任务——*1945 年 4 月 30 日，也就是希特勒自杀当天，U-2511 号驶离卑尔根，成为第一艘执行战斗任务的* **XX I** *型潜艇。她展开一场历时四天、平静无事的战斗巡逻，5 月 4 日下午收到德国新元首邓尼茨海军元帅下达的命令，这道命令结束了 U 艇对西线盟军的作战行动。*
U-2511 号声称，返回卑尔根的途中，他们对英国皇家海军"诺福克"号巡洋舰发动佯攻，没有被对方发现。另一艘出海的 **XX I** *型潜艇是 U-3011 号，5 月 3 日离开威廉港，收到邓尼茨停止潜艇战的命令前，她执行了短暂的战斗巡逻，没遇到敌方舰船。*

XXⅢ型电动潜艇

德国人研发的另一款电动潜艇是排水量较小的 XXⅢ型，她可以通过持续的潜航，在诸如北海和地中海的沿海浅水水域展开短程战斗巡逻。XXⅢ型潜艇搭载 14—18 名艇员，水下排水量只有 262 吨。这种流线型艇体的潜艇，尺寸非常小，两具鱼雷发射管各配一枚鱼雷。这种情况无疑限制了潜艇的攻击力，鱼雷甚至要在潜艇停泊在港口时从外部装填。

XXⅢ型潜艇使用的发动机，输出功率 432 千瓦，水下航速相当出色，达到 12.5

节，水面航速也有 10 节。但这型潜艇以稳定的 8 节航速巡航，水面最大续航力只有 4200 千米，以 4 节航速潜航的话，最大续航力 310 千米。ⅩⅩⅢ型潜艇最大下潜深度 180 米。这型潜艇是 1942—1943 年设计的，战争最后九个月，61 艘ⅩⅩⅢ型潜艇列装入役。

在波罗的海完成大部分训练工作后，1945 年 1 月下旬，头 6 艘差不多可执行作战任务的ⅩⅩⅢ型潜艇离开基尔，开赴挪威南部港口，在那里继续训练。接下来几周，另外 11 艘ⅩⅩⅢ型潜艇到达挪威南部港口，还有 3 艘留在德国的威廉港和基尔港。1945 年 1 月 29 日，U-2324 号成为第一艘执行战斗巡逻的ⅩⅩⅢ型潜艇。战争最后 13 周，6 艘"沿海电动潜艇"执行了 9 次战斗巡逻，在海上共度过 204 个巡逻日，其中 3 艘潜艇击沉 4 艘盟军商船，共计 7510 吨。

这 6 艘投入作战的潜艇没被盟军击沉，但另外 5 艘遭遇不幸。没等ⅩⅩⅢ型潜艇发动任何规模的攻势，战争就结束了，尽管德国人为这个项目耗费了大量资源，取得的战果却微乎其微。1945 年 5 月初，剩下的 55 艘ⅩⅩⅢ型潜艇大多位于弗伦斯堡附近，德国人凿沉了其中 31 艘。

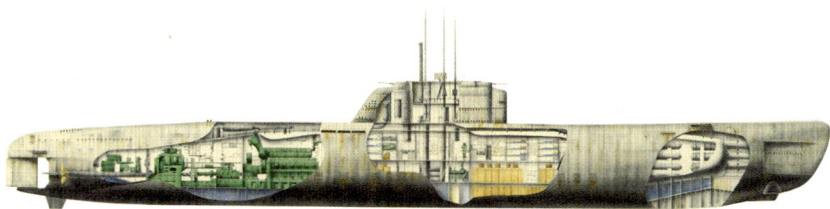

*U-2511 号——U-2511 号**XXⅠ**型潜艇这张剖面图能清楚地看到，潜艇前部装载 6 枚鱼雷，供右舷艇艏鱼雷发射管使用，潜艇后部的柴油发动机（位于指挥塔后方）和电动机（位于更后方）同样一清二楚。*

U-2511 号潜艇（ⅩⅩⅠ型）

排水量：水下排水量 1819 吨
尺寸：长 76.7 米，宽 6.6 米
推进装置：（水面）2985 千瓦的柴油机；（水下）3730 千瓦的电动机
武器：6 具 533 毫米鱼雷发射管；4 门 20 毫米高射炮
续航力：（水面）10 节航速可达 24944 千米；（水下）5 节航速可达 630 千米
最大航速：（水面）15.5 节；（水下）17.2 节
艇员：57—60 人

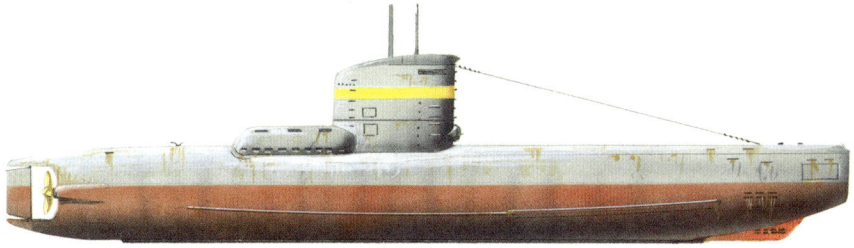

XXⅢ型潜艇——1945年2月初，U-2326号潜艇跟随第11潜艇支队在挪威卑尔根投入作战行动。1945年4月19日—27日，这艘潜艇投入首次，也是唯一一次战斗巡逻，但没发现任何目标，随后返回挪威斯塔万格港。

U-2326 号潜艇（XXⅢ型）

排水量：水下排水量 262 吨
尺寸：长 34.68 米，宽 3 米
推进装置：（水面）一台 423—463 千瓦的 MWM RS134S 六缸柴油发动机
武器：2 具 533 毫米鱼雷发射管
续航力：（水面）8 节航速可达 4200 千米；（水下）4 节航速可达 359 千米
最大航速：（水面）12.5 节；（水下）9.7 节
艇员：14—18 人

专用型潜艇

　　德国人还建造了少量专用型潜艇，其中包括 8 艘大型 XB 型布雷潜艇。1939—1944 年建造的这型远洋潜艇，可携带 66 颗水雷。8 艘 XB 型布雷潜艇被盟军击沉 6 艘。

专用型 U 艇		
型号	用途	水下排水量
ⅩB 型	布雷	2753 吨
ⅦF 型	运送鱼雷	1200 吨
ⅩⅣ型"奶牛"	补给	1932 吨
ⅩⅦA、ⅩⅦB	试验性"瓦尔特"动力攻击潜艇	A 型 314 吨，B 型 342 吨

　　另一种专用潜艇是 XⅣ 型"奶牛"补给潜艇——德国一共建造了 10 艘。这种型号的潜艇没安装进攻性武器，主要负责装载油料和物资，为作战潜艇提供补给。"奶牛"一共执行了 36 次任务，主要是在美国海岸附近和加勒比海。此外，德国

人还建造了 4 艘 VII C 型防空潜艇，配备多门高射炮，打算击落低空飞行的盟军反潜机。最后，1943—1944 年，德国人又建造了 8 艘用于试验的 X VII A 型、X VII B 型 "瓦尔特" 强双氧水动力潜艇。该型号的潜艇以先进的涡轮机驱动，最大潜航速度相当惊人，高达 24 节，但由于燃料消耗过高，这型潜艇的续航力很有限。

XIV型潜艇——U-459 号远洋补给潜艇 1941 年 11 月入役，1942—1943 年在北海和南大西洋执行了 6 次补给巡逻，1943 年 7 月 24 日被盟军飞机炸沉。

U-459 号潜艇（XIV型）

排水量：水下排水量 1932 吨

尺寸：长 64.5 米，宽 5.9 米

推进装置：（水面）522 千瓦的柴油发动机；（水下）306 千瓦的电动机

武器：2 具 533 毫米鱼雷发射管

续航力：（水面）10 节航速可达 19874 千米；（水下）4 节航速只有 56 千米

最大航速：（水面）14.9 节；（水下）6.2 节

艇员：53—60 人

参考书目

Blair, Clay: *Hitler's U-Boat War* (2 vols.). London: Orion, 2000.

Davison, Donald (ed.): *Warplanes of the Luftwaffe*. London: Grange, 1991.

Diedrich, Hans-Peter: *German Jet Aircraft* 1939–45. Atglen, PA.: Schiffer, 1995.

Edwards, Roger: Panzer: *A Revolution in Warfare*, 1939–1945. London: Arms and Armour Press, 1989.

Engelmann, Joachim: *German Artillery in World War II*. Atglen, PA.: Schiffer, 1995.

Frank, Hans: *S-Boats in Action during the Second World War*. London: Pen & Sword, 2007.

Grove, Eric: *World War II Tanks: The Axis Powers*. London: Orbis Publishing, 1971.

Hogg, Ian: *German Artillery of World War II*. London: Arms & Armour Press, 1975.

Mallmann Showell, Jak P.: *Hitler's Navy: A Reference Guide to the Kriegsmarine 1935–45*. Annapolis, Md.: Naval Institute Press, 2009.

Milsom, John: *German Military Transport of World War II*. London: Arms & Armour, 1975.

Phillpott, Bryan: *The Encyclopedia of German Military Aircraft*. London: Bison, 1981.

Walter, John: *Guns of the Third Reich: Small-arms of Hitler's Armed Forces*, 1933–

45. Stroud: The History Press, 2016.

Whitley, M.J.: *German Capital Ships of the Second World War*. London: Cassell, 2001.

Williamson, Gordon: *German Destroyers 1939–45* (New Vanguard Series). Oxford: Osprey, 2003.

Williamson, Gordon: *German Light Cruisers 1939–45* (New Vanguard Series). Oxford: Osprey, 2003.